高职高专"十四五"规划教材

Hadoop 大数据技术应用

主　编　于晓刚　袁小洁　王春与
副主编　苗得庆　余秋雨　陈　阳　罗修超

北京航空航天大学出版社

内 容 简 介

本书主要内容包括大数据概论、初识 Hadoop、Linux 基础、Hadoop 集群的搭建、HDFS 分布式文件系统、MapReduce 分布式计算框架以及项目实战——某国新冠肺炎疫情 COVID-19 分析。

本书将理论与实践结合，补充相关 Linux 基础，注重大数据技术的系统性、实用性和先进性，配有大量的应用案例，不仅能够帮助读者提高大数据技术的应用与研究水平，而且能提高综合应用创新能力。

本书可作为高职高专院校大数据技术、计算机科学与计算、物联网工程等专业的教材，并可供大数据相关技术人员参考使用。

图书在版编目(CIP)数据

Hadoop 大数据技术应用 / 于晓刚，袁小洁，王春与主编. -- 北京：北京航空航天大学出版社，2022.7
ISBN 978-7-5124-3797-5

Ⅰ. ①H… Ⅱ. ①于… ②袁… ③王… Ⅲ. ①数据处理软件 Ⅳ. ①TP274

中国版本图书馆 CIP 数据核字(2022)第 084397 号

版权所有，侵权必究。

Hadoop 大数据技术应用

主　编　于晓刚　袁小洁　王春与
副主编　苗得庆　余秋雨　陈阳　罗修超
策划编辑　冯颖　责任编辑　冯颖

*

北京航空航天大学出版社出版发行

北京市海淀区学院路 37 号(邮编 100191)　http://www.buaapress.com.cn
发行部电话：(010)82317024　传真：(010)82328026
读者信箱：goodtextbook@126.com　邮购电话：(010)82316936
北京宏伟双华印刷有限公司印装　各地书店经销

*

开本：787×1 092　1/16　印张：9.00　字数：230 千字
2022 年 8 月第 1 版　2022 年 8 月第 1 次印刷　印数：2 000 册
ISBN 978-7-5124-3797-5　定价：36.00 元

若本书有倒页、脱页、缺页等印装质量问题，请与本社发行部联系调换。联系电话：(010)82317024

前　言

进入云计算和大数据时代以来，大数据技术在传统产业和新产业中占据至关重要的地位。本书适用于高职高专院校大数据技术、计算机科学与计算、物联网工程等专业。本教材为适应当前高职高专院校服务于国家社会经济的发展需求，以及培养具有一定行业深度、特色鲜明的创新型人才需求而编写。

本书注重大数据技术的实践性，充分调研学生基础，坚持理论与实践相结合、基本原理与创新能力相结合，强调基本概念，内容新颖，由浅入深，便于高职院校学生理解学习。

本书共分 7 章：第 1 章为大数据概论，主要讲解大数据的相关基本概念；第 2 章为初识 Hadoop，主要讲解 Hadoop 生态系统的基本概念；第 3 章为 Linux 基础，主要讲解 Linux 文件管理常用命令、文件与目录基本操作，介绍 Shell 编程基础、变量、运算符、流程控制等知识点；第 4 章为 Hadoop 集群的搭建，主要讲解 Hadoop 集群搭建过程；第 5 章为 HDFS 分布式文件系统，主要讲解 HDFS 的基本概念、特点、架构和原理，学习 Java API 和 Shell 接口分别对 HDFS 的操作案例；第 6 章为 MapReduce 分布式计算框架，主要讲解 MapReduce 程序的相关知识和工作原理；第 7 章为项目实战——某国新冠肺炎疫情 COVID-19 分析。

本教材由于晓刚、袁小洁、王春与担任主编，苗得庆、余秋雨、陈阳和罗修超担任副主编。全书编写方案设计由于晓刚负责，其中，苗得庆负责编写第 1 章、第 3 章，于晓刚负责编写第 2 章、第 4 章，余秋雨负责编写 5 章，袁小洁负责编写第 6 章，王春与负责编写第 7 章，罗修超参与了第 1 章和第 7 章的部分编写工作，陈阳参与了第 3 章和第 5 章的部分编写工作。

由于编者水平有限，书中的不当之处恳请广大读者批评指正。

编　者

2022 年 3 月

目　　录

第 1 章　大数据概论 … 1
1.1　大数据概述 … 1
1.2　大数据的行业应用 … 4
1.3　大数据的基本概念 … 6
1.4　本章小结 … 8
1.5　课后习题 … 8

第 2 章　初识 Hadoop … 9
2.1　Hadoop 简介 … 9
2.2　Hadoop 生态圈介绍 … 11
2.3　本章小结 … 14
2.4　课后习题 … 14

第 3 章　Linux 基础 … 16
3.1　Linux 简介 … 16
3.2　Linux 文件管理常用命令、Shell 编程 … 17
3.2.1　Linux 文件基础知识 … 18
3.2.2　Shell 编程基础 … 21
3.2.3　Shell 流程控制 … 31
3.3　本章小结 … 34
3.4　课后习题 … 34

第 4 章　Hadoop 集群的搭建 … 35
4.1　Hadoop 集群搭建前的准备 … 35
4.1.1　安装虚拟机软件 … 35
4.1.2　Hadoop 集群规划 … 38
4.1.3　在虚拟机软件中安装 Linux 操作系统 … 42
4.1.4　配置 Linux 系统网络 … 57
4.1.5　SSH 服务设置 … 60
4.2　Hadoop 集群搭建 … 66
4.2.1　JDK 安装 … 66
4.2.2　Hadoop 安装 … 69
4.2.3　Hadoop 集群配置 … 71
4.3　Hadoop 集群启动 … 74
4.3.1　文件系统格式化 … 74
4.3.2　启动和关闭 Hadoop 集群 … 74
4.3.3　查看 Hadoop 集群运行状态 … 76
4.4　Hadoop 集群使用 … 78
4.5　本章小结 … 81
4.6　课后练习 … 81

第 5 章　HDFS 分布式文件系统 … 83
5.1　HDFS 简介 … 83

| 5.1.1　HDFS 演变 ·· 83
| 5.1.2　HDFS 的基本概念 ·· 85
| 5.1.3　HDFS 的特点 ·· 86
| 5.2　HDFS 的读写 ·· 86
| 5.2.1　HDFS 存储架构 ··· 86
| 5.2.2　HDFS 文件读写原理 ·· 88
| 5.3　HDFS Shell 操作 ·· 89
| 5.3.1　HDFS 的 Shell 操作 ··· 89
| 5.3.2　案例——Shell 定时采集数据到 HDFS ······························ 93
| 5.4　HDFS Java API 操作 ·· 96
| 5.4.1　HDFS Java API 介绍 ·· 96
| 5.4.2　HDFS Java API 案例 ·· 97
| 5.5　本章小结 ·· 101
| 5.6　课后习题 ·· 101

第 6 章　MapReduce 分布式计算框架 ·· 103

   6.1　MapReduce 概述 ··· 103
   6.2　MapReduce 编程模型 ·· 103
      6.2.1　MapReduce 工作流程 ·· 104
      6.2.2　MapTask 工作原理 ··· 105
      6.2.3　ReduceTask 工作原理 ··· 106
   6.3　MapReduce 案例解析 ·· 107
      6.3.1　单词统计 ··· 107
      6.3.2　倒排索引（InvertedIndex） ··· 111
      6.3.3　数据去重（dedup） ··· 116
   6.4　本章小结 ·· 118
   6.5　课后习题 ·· 118

第 7 章　项目实战——某国新冠肺炎疫情 COVID-19 分析 ················· 120

   7.1　项目说明 ·· 120
      7.1.1　MapReduce Partition 机制 ··· 120
      7.1.2　MapReduce Combiner 规约 ··· 121
      7.1.3　MapReduce 编程技巧 ··· 122
      7.1.4　数据字段说明 ·· 123
   7.2　MapReduce 自定义组件 ··· 123
      7.2.1　初始化项目 ·· 123
      7.2.2　自定义对象序列化 ··· 125
      7.2.3　自定义排序 ·· 128
      7.2.4　自定义分区 ·· 129
      7.2.5　自定义分组 ·· 131
      7.2.6　自定义分组拓展 Top N ·· 134
   7.3　MapReduce 运行模式 ·· 135
      7.3.1　本地运行 ··· 135
      7.3.2　打包发布运行 ·· 136

参考文献 ·· 137

第1章 大数据概论

☞ **学习目标：**
- 掌握大数据的定义和核心特征；
- 熟悉大数据行业的应用；
- 了解大数据的基本概念、构成和两个核心。

现在是一个高速发展的信息化社会，科技发达，信息畅通，人们之间的交流越来越密切，生活越来越方便，而大数据就是这个高科技时代的信息化产物，要想系统地认知大数据、掌握大数据技术，就必须全面细致地分解它，深入地理解它。但是，如何认识大数据？如何从大数据中获得价值？分析处理大数据需要哪些技术？本章将针对这些问题勾画出一个大数据知识图谱：首先介绍大数据的基本概念，包括大数据的定义、特征和作用；然后探讨大数据的行业应用；最后给出大数据的基本概念和两个核心技术概念。

1.1 大数据概述

信息技术和人类生产生活的交汇融合以及互联网的快速普及，使得全球数据呈现出爆发式增长和海量聚集的特点。大数据正以前所未有的速度颠覆人们探索世界的方法，引发工业、商业、医学、军事等领域的深刻变革。因此，在当前大数据浪潮的猛烈冲击下，IT领域迫切需要充实和完善已有的知识和技术结构，提升两种"能力"：一是大数据基本技术与应用能力，使大数据能够为我所用；二是能够挖掘数据之间隐藏的规律与关系，使大数据更好地服务于经济社会发展。

1. 什么是大数据

信息化社会使用最频繁的一个术语就是"数据"。那么数据是什么？数据就是数值，它被看成是现实世界中自然现象和人类活动所留下的轨迹，即人们通过观察、实验或计算得出的结果。数据可以应用于科学研究、设计、查证等。在计算机科学中，数据被定义为所有能输入到计算机并被计算机程序处理的符号集，是具有一定意义的数字、字母、符号和模拟量的统称。在计算机科学之外，可以更加抽象地定义数据，比如人们通过观察世界中的自然现象、人类活动，也可以形成数据。实际上，数据的形式有很多种，最简单的是数字，也可以是文字、图形图像、音频和视频等。人类几千年的历史产生的所有文明记录（包括历史、文学、艺术、哲学以及一切科学成就），都能够以数据的形式存储和保留。

随着信息科学的发展，在数据（Data）、信息（Information）、知识（Knowledge）和价值（Value）4个词语的相互关联中，数据一词呈现的是一种过程、状态或结果的记录，这类记录被数字化后可以被计算机存储和处理。其实，设计计算机的初衷就是用于数据处理，但计算机需要将数据表达成0、1的二进制形式，用一个或若干个字节（Byte，B）来表示。因此计算机对数据的处理，首先需要对数据进行表示和编码，从而衍生出不同的数据类型。对于数字数据，可以将它编码成二进制形式;对于文本数据,通常采用 ASCII 码将其编码为一个整数;有时,可能还需要采用更加复杂的数据结构(如向量、矩阵)来表达一个复杂的状态,如用二维坐标表达地图上的位置信息。

  显然,表达一个实体的不同方面会用到不同的数据。例如,描述一个员工,会包括姓名、性别、年龄、单位等多种属性,其中每种属性都需要相应类型的数据来表达。有时,如果需要观察一个实体在某一段时间内的状态变化,就需要一个时间序列的数据。例如,监测城市空气中所含有的细颗粒物(PM2.5)时,传感器监测到的数据就会形成一个 PM2.5 随时间变化的数据序列。当信息科学处理的数据发展到 Facebook、Google、百度等的数据规模时,数据本身(类型、规模、属性、用途等)及相关的大规模数据的分析计算就形成了数据科学(Data Science)或数据工程(Data Engineering)这样一门新的学科(领域),进而迎来了大数据时代,使人类拥有了更多的机会和条件在各个领域更深入而全面地获得、使用完整数据和系统数据,探索现实世界的规律。

2. 大数据的特征

  大数据时代已经到来,即使没有大数据专业知识的从业者也希望借助各自的专业领域优势,与大数据技术结合,从而实现行业发展的飞跃。

  大数据具有以下 5 个特点(5V 理论):

- Volume:巨大的数据量

  数据量大,包括采集、存储和计算的量都非常大。以太字节(TB)或者拍字节(PB)为起始的计量单位,大数据的数据量甚至达到 EB 或 ZB 级别。

- Variety:数据类型多样性

  大数据的种类包括网络日志、音频、视频、图片、地理位置信息等,其中 10% 为结构化数据,90% 为半结构化、非结构化数据。

- Velocity:信息处理速度快

  处理速度快,时效性要求高,需要实时分析,数据的输入、处理和分析连贯。

- Value:价值密度低

  大数据价值密度相对较低。随着物联网的广泛应用,信息感知无处不在,从而产生海量信息,但价值密度较低,即存在大量不相关信息。

- Veracity:数据真实性

  准确性即真实性,即大数据来自真实生活,因此能够保证一定的真实准确性。相对来说,信息含量高、噪声含量低,则信噪比较高。

3. 大数据的价值

  近年来,"大数据"所蕴藏的巨大潜力和能量在各行各业不断积蓄,整个数据行业的技术基础和实践能力也在不断提升,在经济社会发挥着中流砥柱的作用。要探讨大数据最核心的价值,大致有两个方向:一是人类学/社会学上,思维文明的进步,二是经济学上,收益与效率的突飞猛进,而这种价值也可分为技术价值、商业价值、行业价值和社会价值等。

(1) 技术价值

  大数据,从根本上与数学、统计学、计算机学、数据学等基本理论知识无法分割,技术水平突飞猛进给数字领域带来最直接的飞跃。大数据不仅创造了新的计算方式、技术处理方式,而且为其他技术的研发、应用和落地提供了基础。

淘宝交易分析报告中提到,大额买单后的重购次单和同店重购次单比例分别为25.0%和16.8%,要明显高于普通买单的18.8%和10.7%,表示在首次买单获取了对卖家服务和商品质量的信任后,次单完全存在放大金额的可能,并且比普通买单的可能性要高得多。由此可以引导卖家提高服务水平、坚守质量,并适时推出捆绑推荐,以求提高同类商品同店大额下单的几率。

只有借助大数据处理技术,交易行为才能够得到记录分析,企业的大数据技术研发、应用和落地才能拥有基础,这时大数据的技术价值才会显现出来。

(2) 商业价值

很多看似简单的问题背后却隐藏着海量数据的分析挖掘,比如客流数据、经营数据、以往活动相关数据、场内店铺信息、竞品数据,只有深入分析才能帮助企业画像潜客、分析经营、建立会员体系、策划活动执行。单就运营而言,数据作为一种度量方式,能够真实地反映运营状况,帮助企业进一步了解产品、了解用户、了解渠道,进而优化运营策略,使其快速发展。通过数据分析结果来制定运营方式,最终帮助运营者乃至企业决策者凭借数据和逻辑分析能力指导业务实践。

大数据中,企业与客户的交互数据是其商业价值所在,例如用户浏览APP或网页痕迹、购物实体店脚印足迹等,这些数据本身代表的是客户的单向行为。如果说直接的交易数据更多的是对企业商品质量差异的反馈,那么这些行为数据能够带给企业更多是用户的习惯、喜好等差异的反馈,让企业能够了解用户的需求、倾向,以便更有针对性地推荐、推出产品,吸引潜在客户。大数据技术不仅让业务更高效、更精准、成本更低、更有据可依、更便于优化、更利于长远发展,而且能够带来不可计量的实际商业价值。

(3) 行业价值

客户在一个开放市场中的各种行为数据成就了其宏大的行业价值。这些数据中大部分其实不直接与特定企业或行业相关,但它能够很大程度地引导企业各种业务的开展方向,为整个行业的走向提供社会趋势指导。

另外,移动数据越来越成为大数据领域关注的焦点。随着智能手机的普及,移动化及移动应用数量的不断增大,移动端数据更加普及,与以往的业务数据不同,这些数据更加个性化,也更适合于各种不同场景的应用。大数据技术被要求满足不同的应用场景,从而将人们生活的各个方面用大数据无缝联合,推动各行各业的发展、演进和革命。

(4) 社会价值

无论科学技术如何发展,最终都会落到"人"的身上,落到能否促进人类社会的进步、能否增强人的幸福上。大数据为人们的生活带来的不仅只是便利,还有紧密的生活服务网络,当一切都可以按照人们的喜好需求来计量,社会将步入一个新时代。

4. 大数据的发展前景

随着大数据相关基础设施、服务器、软件系统和理论体系的持续发展,目前大数据分析方面的解决方案已经逐渐成熟,并且越来越普及。随着技术的成熟,自助和自动化的信息服务也将越来越受到重视,大数据分析工具和相关的解决方案会变得越来越简单易用。

(1) 技术发展趋势

① 数据分析成为大数据技术的核心

随着时代的发展,数据分析会逐渐成为大数据技术的核心。大数据的价值体现在通过对大规模数据集合的智能处理获取有用的信息,就必须对数据进行分析和挖掘,而数据的采集、存储和管理都是数据分析的基础步骤。数据分析得到的结果将应用于大数据相关的各个领域,未来大数据技术的进一步发展与数据分析技术是密切相关的。

② 广泛采用实时性的数据处理方式

随着获取信息的速度越来越快,为了更好地满足人们的需求,大数据系统的处理方式也需要与时俱进。大数据强调数据的实时性,因而数据处理也要体现出实时性,如在线个性化推荐、股票交易处理、实时路况信息等的数据处理时间要求在分钟甚至秒级。将来实时性的数据处理方式会成为主流,不断推动大数据技术的发展和进步。

(2) 产业发展趋势

综观国内外,大数据已经形成产业规模,并上升到国家战略层面,大数据技术和应用呈现纵深发展趋势。面向大数据的云计算技术、大数据计算框架等不断推出,新型大数据挖掘方法和算法大量出现,大数据新模式、新业态层出不穷,传统产业开始利用大数据实现转型升级。传统产业利用大数据主要有如下 5 种方式:

① 以时效性更高的方式向用户提供大数据。在公共领域,跨部门提供大数据能大幅减少检索与处理时间。在制造业,集成来自研发、工程、制造单元的数据可以实现并行工程,缩短产品投放市场的时间。

② 通过开展数据分析和实验寻找变化因素并改善产品性能。由于越来越多的交易数据以数字形式存在,企业可以收集有关产品或用户的更加精确和详尽的数据。

③ 区分用户群,提供个性化服务。大数据能帮助企业对用户群进行更加细化的区分,并针对用户的不同需求提供个性化的服务,这是营销和危机管理常用的方法,对公共领域同样适用。

④ 利用自动化算法支持或替代人工决策。复杂分析能极大改善决策效果,降低风险,并挖掘出其他方法无法发现的宝贵信息,此类复杂分析可用于税务机构、零售商等。

⑤ 商业模式、产品与服务创新。制造商正在利用产品使用过程中获得的数据来改善下一代产品开发,以及提供创新性售后服务。实时位置数据的兴起带来了一系列基于位置的移动服务,例如导航和人物跟踪等。

1.2 大数据的行业应用

大数据技术的发展起源于科学技术的发展,目前在全球各个国家、各行各业以及人们的生活和工作中得到了广泛的应用。大数据技术的分析和应用现在已经延伸到每一个人的工作中,也延伸到每一个人的日常生活中。大数据技术将不会止步于医疗、电商、交通及安全等行业,随着信息技术的不断创新和发展,终将在越来越多的行业中发挥积极的推动作用,促进整个经济社会的发展。

1. 互联网行业的应用

互联网信息时代,我们时时刻刻都在产生数据,开车、坐公交、刷微博、逛淘宝、发朋友圈、刷抖音等,只要我们进行这些行为,就会产生大量的数据。与此同时,随着通信技术的不断发展,数据传输速度和精度都在急速增长,大数据变得尤为重要。

(1) 帮助电商行业实现精准营销

目前,我国电商正处于爆发增长的态势,彼此之间竞争非常激烈,利用大数据技术帮助电商行业实现精准营销,才是现代化的销售方式。

① 用户分析:大数据技术可以根据购买数据对用户进行全面的行为分析,这样就可以清楚地知道用户的需求,不需要对每一个人进行调研就可以实现这一目的。

② 精准投放广告:根据大数据技术获取的用户数据,可以精准分析用户的消费行为以及购买行为,在此基础上就可以精准判断用户需求。例如:如果一个用户在某一个阶段经常购买奶粉、婴儿用品,基于这样的消费行为,就可以判断出该用户应该是一名妈妈,这样就可以有针对性地为其推送一些婴幼儿需要的产品,从而大大减少企业的广告成本,也可以提高这位妈妈用户的购买效率。

③ 提升服务:在进行广告投放的过程中,可以对用户进行全面了解,之后就可以按照用户的购买喜好为其推荐喜欢的产品,省去了用户自己检索的麻烦,方便了用户的购物,真正实现电商行业的精准营销。

(2) 提升互联网购物服务体验

① 智能推荐:大数据技术可以分析用户的前期购物数据,分析用户的消费行为和购买行为。我们买东西的时候一般会先进行搜索,当在搜索栏输入想要购买的商品后,购物软件就会根据搜索进行同类产品的推荐,这样可以节省我们盲目搜索的时间,也可以更加准确地找到所需要的商品。

② 制定旅行攻略:现在出去旅行,我们都会在旅行软件上面进行景点以及交通的查询,可是整体的旅行攻略还是需要自己去制定,但是因为依托大数据技术,很多旅行类软件 APP 都设置了一键定制旅行攻略的功能,这样就可以为游客提供更加专业、更加方便的出行计划,也省去了出行之前的全面检索,对于想要自由行的游客,大大提升了旅行的体验感。

(3) 实现出行服务的智能化

随着大数据技术在交通运输方面的大规模应用,人们的出行越来越离不开大数据技术的支持。通过大数据人们每天上下班可以找到最快的方式到公司或家;司机可以通过语音导航提前了解道路状况,避免道路堵塞或违规;游客可以使用大数据查询列车或航班信息,到达旅游目的地时还可以使用电子地图快速检索景点的路线。

(4) 保护人身安全和信息安全

大数据技术的发展,对人们的人身安全和信息安全都会起到一定的保护作用。

① 大数据技术保护信息安全。在对数据进行整体的整理和分析后,可以为数据设置访问权限,只有特许使用者才可以使用,这是保护数据不被非法访问的一种手段。

② 大数据技术保护人身安全。现在,摄像头已经成为很多家庭的标配,小区、道路上也都安装了很多摄像头。当家里被盗窃时,大数据技术就可以对这些摄像头的视频监控数据进行全面分析,对犯罪嫌疑人进行人脸识别以及活动路径分析,有利于尽快抓捕犯罪嫌疑人。

2. 医疗行业的应用

现代科学技术的快速发展为许多行业带来了技术革新,尤其是随着大数据时代的来临,许多行业都发生了质的变化,借助大数据技术手段极大地提高了发展速度和发展质量。对于医疗行业而言同样如此,通过运用大数据技术,医疗行业将实现新的跨越,同时也将面临更大的发展挑战。现在医疗大数据已经成为医疗行业的重要资产,大数据的发展与应用不仅改变了传统医疗模式,而且使医疗行业向着数字化、现代化、智能化的方向发展,从而极大提升了现代医疗服务的质量和效率,为广大人民群众提供了更加智能化的健康服务。

(1) 协助临床医疗诊断

利用大数据技术对档案中的大数据信息进行深度挖掘和处理,便可以建立病症分析模型,帮助医务人员更好地分析各类病症问题。而且,该模型也可以帮助医务人员与其他病症进行对比,模型之间的差异会更加清晰,医务人员可以获得更加直观的数据支持,提高分析的准确性。

(2) 协助医疗药物研发

在医疗药物的研发过程中,传统的药物研制方法存在研发周期过长、成功率较低的缺陷,利用大数据技术可以协助医疗药物的研发,这样不仅能够极大地缩短研发周期,而且能全面提高研发的成功率。

(3) 完善患者健康管理

将大数据资源与各类智能化移动设备和可穿戴设备相结合,可以对个人身体健康情况进行实时监测,进而帮助患者及时了解自身的健康情况,并且加强管理,实现健康管理的连续性。大数据技术应用在个人健康管理工作中,可以帮助医务人员实时掌握各类数据信息,提高用户健康监督管理力度,准确把握用户的生活习惯,进而更有针对性地制定科学合理的健康管理方案。

(4) 建立健全医疗保险

大数据可以使医疗保险事业更加健全地发展。大数据可以及时收集居民相关的各类病历档案、医疗费用花销情况等,也能够对居民的健康状况进行准确分析,精准判断保险费用额度,从而帮助居民获得更加合理科学的医疗保险策略,尽可能避免不必要的医疗保险花销,也能够有效降低医疗资源的浪费情况。

(5) 促进智能决策建设

利用大数据技术能够促进医疗行业实现智能决策建设。过去的临床诊断往往依靠医生的医疗经验和专业技术进行主观判断,这就意味着会出现误诊和漏诊的情况。利用大数据系统进行医疗诊断时,依靠先进的技术,医生可以更加准确地掌握患者的实际情况和各类隐藏信息,降低误诊的概率。

3. 金融行业的应用

金融行业是典型的数据驱动行业,每天都会产生大量的数据,包括交易、报价、业绩报告、消费者研究报告、各类统计数据、各种指数等。所以,金融行业拥有丰富的数据,数据维度广泛,数据质量高,利用自身数据就可以开发出很多应用场景。大数据在金融行业的应用范围较广,典型的案例有花旗银行利用 IBM 沃森电脑为财富管理客户推荐产品,并预测未来计算机推荐理财的市场份额将超过银行专业理财师;摩根大通银行利用决策树技术,降低了不良贷款率,转化了提前还款客户,该技术一年为摩根大通银行增加了 6 亿美元的利润。

1.3 大数据的基本概念

1. 大数据的构成

大数据的构成一般包括结构化数据、非结构化数据和半结构化数据 3 类,具体说明如下:

(1) 结构化数据

结构化数据具有固定的类型、结构、属性划分等信息。常用的关系型数据库中所存放的数据信息大多数是结构化数据。结构化数据通常直接存储在数据库的表中,数据记录中的每一个属性对应表中的一个字段。

(2) 非结构化数据

非结构化数据是无法采用统一的结构来表示的数据,比如常见的声音、图片、视频、文本文件、网页等信息。当数据记录非常小(比如 KB 级别)时,可考虑将其直接存储在数据库表中(整条记录映射到某一个列中),这样便于快速检索整条记录。当非结构化数据量较大时,通常考虑将其直接存放在文件系统中,数据库可用来存放相关数据的索引信息。

(3) 半结构化数据

半结构化数据不仅具有一定的结构性,还具有一定的灵活可变性,比如常见的 XML、HTML 等数据,属于半结构化数据。半结构化数据可以考虑直接转换成结构化数据进行存储。根据数据记录的大小、特点选择合适的存储方式,这一点与非结构化数据存储类似。

一般而言,结构化数据仅占全部数据的 20% 以内,但这 20% 以内的数据浓缩了过去长时间以来企业在各个方面的数据需求,发展也比较成熟,即数据也具有所谓的"二八法则",20% 的数据具有 80% 的价值。那些不能完全数字化的文本文件、声音、图片、视频等信息就属于非结构化数据,非结构化数据中往往存在大量的、有价值的信息,特别是随着移动互联网、物联网、车联网的发展,非结构化数据正在高速增长。

2. 两个核心

大数据具有两个核心:分布式计算和分布式存储。

(1) 分布式计算

分布式计算是相对于集中式计算而言的,将需要进行大量计算的项目数据分割成若干个小块,由分布式系统中多台计算机节点分别计算,再将计算结果进行合并,并得出统一的数据结论。分布式计算的目的是对海量数据进行分析,如从联网汽车的海量报文数据中分析出车辆的异常,从淘宝"双十一"数据中实时计算出各地区消费者的消费行为等。

(2) 分布式存储

分布式存储是指将数据分散地存放在多台独立设备上,它采用可扩展的系统结构,用多台存储服务器来分担负荷,利用元数据定位数据在服务器中的存储位置,其特点是具有较高的系统可靠性、可用性、可扩展性和存储效率。

3. Hadoop 的分布式存储

Hadoop 体系中数据存储管理的基础是 HDFS(Hadoop Distributed File System),HDFS 是一个高度容错的系统,能够检测和应对硬件故障,可以在低成本的通用硬件上运行。

HDFS 简化了文件的一致性模型,流式数据访问提供了高吞吐量数据访问能力,适合带有大型数据集的应用程序。除此之外,HDFS 还提供了"一次性写入多次读取"的机制,数据以块的形式同时分布在集群的不同物理机器上。HDFS 架构基于一组特定的节点构建,这些节点包括一个 NameNode,在 HDFS 内部提供元数据服务,若干个 DataNode 为 HDFS 提供存储块。

4. Hadoop 的分布式计算

MapReduce 是一种分布式计算模型,用于大数据计算,它屏蔽了分布式计算框架的细节,将计算抽象成 Map 和 Reduce 两部分。其中,Map 对数据集上的独立元素进行指定操作,生成"键-值对"(Key-Value Pair)形式的中间结果;Reduce 则对中间结果中相同"键"的所有

"值"进行规约,以得到最终结果。

MapReduce 提供的主要功能如下:
- 数据划分和计算任务调度;
- 数据/代码互定位;
- 系统优化;
- 出错检测和恢复。

分布式存储系统包括以下 4 种关键技术:
- 元数据管理技术;
- 系统弹性扩展技术;
- 存储层级内的优化技术;
- 针对应用和负载的存储优化技术。

1.4 本章小结

本章主要介绍了大数据的相关基础知识,介绍了大数据的定义、特征、价值。大数据具备体量大、种类多、速度快、价值密度低、准确性高等特征,这就决定了大数据技术的应用场景与传统的数据统计分析是不同的。目前,大数据应用更广泛、更深入,带来的价值更高,并且发展前景广阔。学习了大数据的基本概念,大数据两个核心是分布式计算和分布式存储。

1.5 课后习题

1. 以下( )不是大数据的特征。
   A. 价值密度低　　　　　　　　　B. 数据类型繁多
   C. 访问时间短　　　　　　　　　D. 处理速度快
2. 大数据最显著的特征是( )。
   A. 数据规模大　　　　　　　　　B. 数据类型多样
   C. 数据处理速度快　　　　　　　D. 数据价值密度高
3. 大数据的构成一般包括( )。
   A. 结构化数据　　　　　　　　　B. 非结构化数据
   C. 半结构化数据
4. 大数据处理基础技术两个核心包括( )。
   A. 分布式计算　　　　　　　　　B. 分布式存储
   C. 传感器　　　　　　　　　　　D. API 接口
5. MapReduce 提供的主要功能有( )。
   A. 数据划分和计算任务调度　　　B. 数据/代码互定位
   C. 系统优化　　　　　　　　　　D. 出错检测和恢复
6. 分布式存储系统关键技术包括( )。
   A. 元数据管理技术　　　　　　　B. 系统弹性扩展技术
   C. 存储层级内的优化技术　　　　D. 针对应用和负载的存储优化技术

第 2 章　初识 Hadoop

☞ 学习目标：
- 了解 Hadoop 的发展历史；
- 掌握 Hadoop 的生态体系；
- 了解 Hadoop 各版本及其区别；
- 掌握 Hadoop 生态中的核心组件。

2.1　Hadoop 简介

1. Hadoop 概述

Hadoop 是 Apache 软件基金会旗下的一个开源分布式计算平台，以 Hadoop 分布式文件系统 HDFS 和分布式计算框架 MapReduce（Google MapReduce 的开源实现）为核心。HDFS 允许用户将 Hadoop 部署在廉价的硬件上，形成分布式系统；MapReduce 分布式编程模型允许用户在不了解分布式系统底层细节的情况下开发并行应用程序。因此用户可以利用 Hadoop 轻松地组织计算机资源，从而搭建自己的分布式计算平台，并且可以充分利用集群的计算和存储能力，完成海量数据的处理。

2. Hadoop 的发展史

在互联网发展早期，产品和用户规模都不是很大，很少有人关注分布式解决方案，都在单体机器上寻找解决方案，也就是在硬件上下功夫；而谷歌在当时不管是用户规模还是所产生的数据量都是世界顶尖级别的，因此对分布式和集群等存储方式研究较早，同时也采用横向拓展思路来研发系统。

在 2003 年，谷歌公司陆续发表了 3 篇论文并首创了 3 个概念，它们分别是 GFS、MapReduce、BigTable，俗称大数据的"三驾马车"：
- GFS：Google 的分布式文件系统；
- MapReduce：大数据分布式计算框架；
- BigTable：一种大型的分布式数据库系统。

这 3 篇论文分别介绍了 GFS、MapReduce、BigTable 软件，而将这 3 款软件组合在一起，就搭建起了世界上第一个大数据平台。

虽然谷歌在关于 GFS、MapReduce、BigTable 论文中详细介绍了 GFS、MapReduce 和 BigTable 软件的设计，但是并没有公布软件的源代码，这个大数据平台只有谷歌才能使用。

Hadoop 最早起源于 Nutch 项目。Nutch 项目是一个开源的网络搜索引擎，由 Doug Cutting 于 2002 年创建。Nutch 项目的设计目标是构建一个大型的全网搜索引擎，实现网页抓取、索引、查询等功能，但随着抓取网页数量的增加，在开发过程中遇到了严重的可扩展性问题——不能解决数十亿网页的存储和索引问题。之后，谷歌发表的 3 篇论文为该问题提供了可行的解决方案。GFS 解决了 Nutch 遇到的网页抓取和索引过程中产生的超大文件存储需求问题，项目组便根据论文完成了一个开源实现，即 Nutch 的分布式文件系统（NDFS）。MapReduce 可用于处理海量网页的索引问题，因此 Nutch 的开发人员完成了一个开源实现。由于 NDFS 和 MapReduce 不仅仅适用于搜索领域，2006 年初，开发人员便将其移出 Nutch，成为 Lucene 的一个子项目，称为 Hadoop。大约同一时间，Doug Cutting 加入雅虎公司，且公司同意组织一个专门的团队继续发展 Hadoop。同年 2 月，Apache Hadoop 项目正式启动以支持 MapReduce 和 HDFS 的独立发展。2008 年 1 月，Hadoop 成为 Apache 顶级项目，迎来了它的快速发展期。接下来回顾一下近年来 Hadoop 发展的主要历程：

- **2004 年**　最初的版本（现在称为 HDFS 和 MapReduce）由 Doug Cutting 和 Mike Cafarella 开始实施。
- **2005 年 12 月**　Nutch 移植到新的框架，Hadoop 在 20 个节点上稳定运行。
- **2006 年 2 月**　Apache Hadoop 项目正式启动以支持 MapReduce 和 HDFS 的独立发展。
- **2006 年 2 月**　雅虎的网格计算团队采用 Hadoop。
- **2008 年 9 月**　Hive 成为 Hadoop 的子项目。
- **2008 年**　淘宝开始投入研究基于 Hadoop 的系统——云梯，云梯总容量约为 9.3 PB，共有 1 100 台机器，每天处理 18 000 道作业，扫描 500 TB 数据。
- **2009 年 7 月**　Hadoop Core 项目更名为 Hadoop Common。
- **2009 年 7 月**　MapReduce 和 Hadoop Distributed File System（HDFS）成为 Hadoop 项目的独立子项目。
- **2009 年 7 月**　Avro 和 Chukwa 成为 Hadoop 新的子项目。
- **2010 年 5 月**　Avro 脱离 Hadoop 项目，成为 Apache 顶级项目。
- **2010 年 5 月**　Hbase 脱离 Hadoop 项目，成为 Apache 顶级项目。
- **2010 年 9 月**　Hive(Facebook) 脱离 Hadoop，成为 Apache 顶级项目。
- **2010 年 9 月**　Pig 脱离 Hadoop，成为 Apache 顶级项目。
- **2011 年 1 月**　Zookeeper 脱离 Hadoop，成为 Apache 顶级项目。
- **2011 年 12 月**　Hadoop 1.0.0 版本发布，标志着 Hadoop 的应用已经初具规模。
- **2012 年 5 月**　Hadoop 2.0.0-alpha 版本发布，这是 Hadoop 2.X 系列版本中的第 1 个内部测试版。在该版本中加入了 Hadoop1.X 版本中没有的 Yarn，使得 Yarn 成为了 Hadoop 的一个子项目。
- **2013 年 10 月**　Hadoop 2.0.0 正式版本发布。
- **2014 年 2 月**　Spark 开始替代 MapReduce 成为 Hadoop 的分布式计算系统，并成为 Apache 顶级项目。
- **2017 年 12 月**　Hadoop 3.0.0 版本发布。

3. Hadoop 的优缺点

Hadoop 的优点包括：

- Hadoop 具有存储和处理数据能力的高可靠性。
- Hadoop 通过可用的计算机集群分配数据完成存储和计算任务，这些集群可以方便地扩展到数以千计的节点中。

- Hadoop 能够在节点之间动态地移动数据,并保证各个节点的动态平衡,处理速度非常快。
- Hadoop 能够自动保存数据的多个副本,并且能够自动将失败的任务重新分配,具有高容错性。

Hadoop 的缺点包括:
- Hadoop 不适用于低延迟的数据访问。
- Hadoop 不能高效存储大量小文件。
- Hadoop 不支持多用户写入并任意修改文件。

2.2 Hadoop 生态圈介绍

1. Hadoop 的生态体系

通常说到的 Hadoop 包括两部分。一是狭义上的 Hadoop,对应为 Apache 开源社区的一个项目,主要包括 3 部分内容:HDFS、MapReduce、Yarn。其中,HDFS 用来存储海量数据,MapReduce 用来对海量数据进行计算,Yarn 是一个通用的资源调度框架(是在 Hadoop2.0 中产生的)。二是广义上的 Hadoop,泛指大数据技术相关的开源组件或产品,常见的有 Hbase、Hive、Spark、Pig、Zookeeper、Kafka、Flume、Phoenix、Sqoop 等。Hadoop 生态圈如图 2-1 所示。

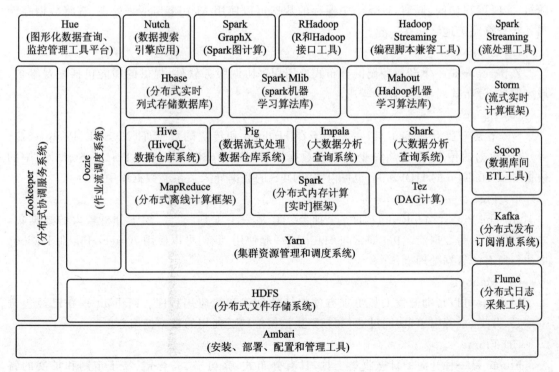

图 2-1 Hadoop 生态圈

生态圈中的这些组件或产品相互之间有依赖,但又各自独立,如 Hbase 和 Kafka 会依赖 Zookeeper,Hive 会依赖 MapReduce。

2. Hadoop 的核心组件

（1）HDFS

HDFS 是一种分布式文件系统，是 Hadoop 体系中数据存储管理的基础。它是一个高度容错的系统，能检测和应对硬件故障，在低成本的通用硬件上运行。HDFS 简化了文件的一致性模型，通过流式数据访问，提供高吞吐量应用程序数据访问功能，适合带有大型数据集的应用程序。

（2）MapReduce

MapReduce 是一种用于分布式并行数据处理的编程模型，将作业分为 Map 阶段和 Reduce 阶段。开发人员为 Hadoop 编写 MapReduce 作业，并使用 HDFS 中存储的数据，而 HDFS 可以保证快速的数据访问。鉴于 MapReduce 作业的特性，Hadoop 以并行的方式将处理过程移向数据，从而实现快速处理。

（3）Hive

Hive 是一种基于 Hadoop 的数据仓库。Hive 定义了一种类似 SQL 的查询语言（HQL），将 SQL 转换为 MapReduce 任务在 Hadoop 上执行，通常用于离线分析。

（4）Hbase

Hbase 是一种针对结构化数据的可伸缩、高可靠、高性能、分布式和面向列的动态模式数据库。与传统关系数据库不同，Hbase 采用了 BigTable 的数据模型：增强的稀疏排序映射表（Key/Value），其中，键由行关键字、列关键字和时间戳构成。Hbase 提供了对大规模数据的随机、实时读写访问，同时，Hbase 中保存的数据可以使用 MapReduce 来处理，它将数据存储和并行计算完美地结合在一起。

（5）Zookeeper

Zookeeper 是一个开放源码的分布式应用程序协调服务软件，提供的功能包括配置维护、域名服务、分布式同步、组服务等。

（6）Sqoop

Sqoop 是一款开源的工具，主要用于在 Hadoop 和传统的数据库（MySQL、PostgreSQL 等）进行数据的传递，可以将一个关系型数据库（例如：MySQL、Oracle、PostgreSQL 等）中的数据导入 Hadoop 的 HDFS 中，也可以将 HDFS 的数据导入关系型数据库中。

（7）Pig

Apache Pig 是 MapReduce 的一个抽象。它是一个工具/平台，用于分析较大的数据集，并将它们表示为数据流。Pig 通常与 Hadoop 一起使用，我们可以使用 Apache Pig 在 Hadoop 中执行所有的数据处理操作。

（8）Mahout

Mahout 可以帮助开发人员更加方便快捷地创建智能应用程序。Mahout 现在已经包含了聚类、分类、推荐引擎（协同过滤）和频繁集挖掘等广泛使用的数据挖掘方法。

（9）Flume

Flume 是一种开源的日志收集工具，具有分布式、高可靠、高容错、易于定制和扩展的特点。它将数据从产生、传输、处理并最终写入目标路径的过程抽象为数据流，在具体的数据流中，数据源支持在 Flume 中定制数据发送方，从而支持收集各种不同协议数据。同时，Flume 数据流提供对日志数据进行简单处理的功能，如过滤、格式转换等。此外，Flume 还具有能够将日志写往各种数据目标(可定制)的能力。总的来说,Flume 是一个可扩展、适合复杂环境的海量日志收集系统。

(10) Spark

Spark 是一个通用计算引擎,能对大规模数据进行快速分析,可用它来完成各种各样的运算,包括 SQL 查询、文本处理、机器学习等。

(11) Impala

Impala 是新型查询系统,它提供 SQL 语义,能查询存储在 Hadoop 的 HDFS 和 Hbase 中的 PB 级大数据。已有的 Hive 系统虽然也提供了 SQL 语义,但由于 Hive 底层执行使用的是 MapReduce 引擎,仍然是一个批处理过程,难以满足查询的交互性。相比之下,Impala 的最大特点就是快速。另外,Impala 可以与 Hive 结合使用,它可以直接使用 Hive 的元数据库 Metadata。

(12) Kafka

Kafka 是一种分布式的、基于发布/订阅的消息系统,类似于消息队列的功能,可以接收生产者(如 Webservice、文件、HDFS、Hbase 等)的数据,先缓存起来,然后发送给消费者(同上),起到缓冲和适配的作用。

(13) Yarn

Yarn 是一种新的 Hadoop 资源管理器,它是一个通用资源管理系统,可为上层应用提供统一的资源管理和调度。它将资源管理和处理组件分开,它的引入为集群在利用率、资源统一管理和数据共享等方面带来了巨大优势,可以把它理解为大数据集群的操作系统,其上可以运行各种计算框架(如 MapReduce、Spark、Storm、MPI 等)。

(14) Hue

Hue 是一个开源的 Apache Hadoop UI 系统,使用 Hue 可以在浏览器端的 Web 控制台上与 Hadoop 集群进行交互来分析处理数据,例如操作 HDFS 上的数据、运行 MapReduceJob 等。

(15) Oozie

在 Hadoop 中执行的任务有时需要把多个 Map/Reduce 作业连接到一起才能够达到目的。Oozie 可以把多个 Map/Reduce 作业组合到一个逻辑工作单元中,从而完成更大型的任务。wuOozie 是一种 JavaWeb 应用程序,它运行在 Javaservlet 容器中,并使用数据库来存储相关信息。

3. Hadoop 的版本

当前 Hadoop 发行版本非常多,在企业中主要用到的 3 个版本分别是:Apache Hadoop 原始版本(最原始的,所有发行版本均基于这个版本改进)、Cloudera 版本(Cloudera's Distribution Including Apache Hadoop,CDH)、Hortonworks 版本(Hortonworks Data Platform,HDP)。

(1) Apache Hadoop 原始版本

Apache Hadoop 原始版本拥有全世界的开源贡献,代码更新较快,但是由于版本管理混乱,导致兼容性较差,并且部署过程繁琐、升级过程复杂、运维难度较大。

为方便学习,本书采用了 Apache Hadoop 的免费开源社区版。

从 Hadoop 诞生以来,主要经历了 Hadoop 0.x、Hadoop 1.x、Hadoop 2.x、Hadoop 3.x 几个版本,它们的区别如下:

- 0.x 版本系列：Hadoop 当中最早的 1 个开源版本，在此基础上演变而来 1.x 以及 2.x 版本。
- 1.x 版本系列：Hadoop 版本当中的第 1 代开源版本，主要修复 0.x 版本的一些 bug。
- 2.x 版本系列：架构产生重大变化，引入了 Yarn 平台等许多新特性。1.x 版本与 2.x 版本的区别如图 2-2 所示。
- 3.x 版本系列：增加了 EC 技术、Yarn 的时间轴服务等新特性。

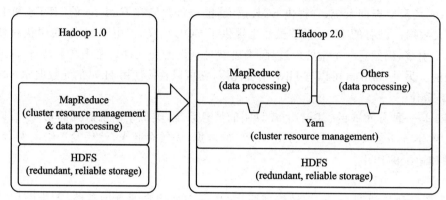

图 2-2　Hadoop 版本对比图

（2）软件收费版本 Cloudera CDH 版本

Cloudera 主要是美国一家大数据公司在 Apache 开源 Hadoop 的版本上通过自己公司内部的各种补丁实现版本之间的稳定运行，大数据生态圈的各个版本的软件都提供了对应的版本，解决了版本升级困难、兼容性差等各种问题，一般是在生产环境中使用。

（3）免费开源版本 Hortonworks 版本

Hortonworks 版本免费开源，并且提供一整套的 Web 管理界面，可以通过 Web 界面管理集群的状态，一般也是在生产环境中使用。

2.3　本章小结

本章首先介绍了 Hadoop 的历史，列举了在 Hadoop 发展过程中比较重要的几个时间节点；接着介绍了 Hadoop 的生态圈以及比较常见的核心组件及其主要功能；最后对现阶段 Hadoop 各个版本的情况进行了介绍。

2.4　课后习题

一、填空题

1. Hadoop 以_____、_____为核心。
2. Google 大数据的"三驾马车"指的是_____、_____、_____。
3. 我们通常说的 Hadoop 包括_____、_____两部分。
4. Apache Hadoop 原始版本主要有_____、_____、_____、_____。

5. Hadoop 发行版本非常多,在企业中主要用到的 3 个版本分别是_____、_____、_____。

二、判断题

1. Cloudera CDH 版本是需要付费使用的。(   )
2. Hortonworks 版本是需要付费使用的。(   )。
3. 在 Hadoop 1.x 版本中,MapReduce 程序是运行在 Yarn 集群之上的。(   )

三、选择题

1. 下列哪位是 Hadoop 的作者?(   )
   A. Martin Fowler   B. Doug Cutting
   C. Mark Elliot Zuckerberg   D. Kent Beck
2. 下列哪一项不属于 Hadoop 核心组件?(   )
   A. HDFS   B. MapReduce   C. Python   D. Spark
3. 下列哪一项不属于 Hadoop 1.X?(   )
   A. HDFS   B. MapReduce   C. Yarn

四、简答题

1. 简述 Hadoop 的优缺点。
2. 简述 Apache Hadoop 各个版本的情况。

第 3 章　Linux 基础

☞ **学习目标：**
- 了解 Linux 的基本概念；
- 掌握 Linux 的常用操作命令；
- 掌握 Shell 的编程基础。

首先介绍 Linux 发展史、系统版本及发展情况，并对 Linux 的优秀特性、常见的 Linux 发行版本及不同场景下的选择进行分析；然后介绍 Linux 文件管理常用命令、文件与目录的基本操作；最后探讨 Shell 编程基础、变量、运算符、流程控制等知识点。

3.1　Linux 简介

操作系统是计算机系统中必不可少的基础系统软件，它的作用是管理和控制计算机系统中的软硬件资源，合理地组织计算机系统的工作流程，以便有效地利用这些资源为使用者提供一个功能强大、使用方便的操作环境。它在计算机系统（硬件）与使用者之间起到接口的作用。

其实，操作系统就是处于用户与计算机系统硬件之间用于传递信息的系统程序软件。根据图 3-1 可简单理解操作系统的作用。

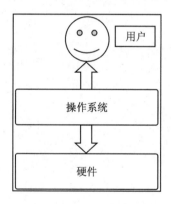

图 3-1　操作系统的作用

1. Linux 概述

Linux 系统最初是芬兰赫尔辛基大学一位计算机系学生 Linus Torvalds 开发的。在大学期间，他接触到了学校的 UNIX 系统，但是当时的 UNIX 系统仅为一台主机，且对应了多个终端，使用时存在操作等待时间很长等问题，无法满足自己的使用需求。因此他萌生了自己开发一个 UNIX 系统的想法。不久，他找到了 Tanenbaum 教授开发的用于教学的 MINIX 操作系统，他把 MINIX 安装到了他的 I386 个人计算机上。此后，Torvalds 又陆续阅读了 MINIX 系统的源代码，从 MINIX 系统中学到了很多重要的系统核心程序设计理念和设计思想，从而逐步开始了 Linux 系统雏形的设计和开发。

Linux 是由世界各地成千上万的程序员设计和开发实现的。当初开发 Linux 系统的目的就是建立不受任何商业化软件版权制约的、全世界都能自由使用的类 UNIX 操作系统兼容的产品。在过去的 30 多年里，Linux 系统主要应用于服务器端、嵌入式开发和个人 PC 三大领域，其中在服务器端的应用是重中之重。

我们熟知的大型、超大型互联网企业（百度、新浪、淘宝等）都使用 Linux 系统作为其服务器端的程序运行平台，全球及国内排名前十的网站使用的主流系统几乎都是 Linux 系统。

2. Linux 发展历程

Linux 的发展历程简介：

1984 年，Andrew S. Tanenbaum 开发了用于教学的计算机系统，命名为 MINIX。

1989 年，Andrew S. Tanenbaum 将 MINIX 系统运行于 x86 的 PC 平台。

1990 年，芬兰赫尔辛基大学学生 Linus Torvalds 首次接触 MINIX 系统。

1991 年，Linus Torvalds 开始在 MINIX 上编写各种驱动程序等操作系统内核组件。

1991 年底，Linus Torvalds 公开了 Linux 内核源码 0.02 版，注意，这里公开的 Linux 内核源码并不是我们现在所使用的 Linux 系统的全部，而仅仅是 Linux 内核(Kernel)部分代码。

1993 年，Linux 1.0 版发行，Linux 转向 GPL 版权协议。

1994 年，Linux 的第一个商业发行版 Slackware 问世。

1996 年，美国国家标准技术局的计算机系统实验室确认 Linux 版本 1.2.13（由 Open Linux 公司打包）符合 POSIX 标准。

1999 年，Linux 的简体中文发行版问世。

2000 年后，Linux 系统日趋成熟，涌现了大量基于 Linux 服务器平台的应用，并广泛应用于基于 ARM 技术的嵌入式系统中。

3. Linux 优势

Linux 系统具有以下几方面优势：

(1) 技术成熟，可靠性高

使用 Linux 系统时，即使连续运行若干年也无需重启，它依然可以稳定工作，只要计算机硬件不坏，Linux 几乎不会出现问题。

(2) 极强的可伸缩性

Linux 支持的 CPU 处理器体系架构非常多，包括 Intel/AMD 及 HP - PA、MIPS、PowerPC、UltraSPARC、ALPHA 等 RISC 芯片，以及 SMP、MPP 等技术。

(3) 强大的网络功能

互联网最重要的 TCP/IP 协议就是在 Linux 基础上开发和发展起来的。此外，Linux 还支持很多常用的网络通信协议，如 NFS、DCE、IPX/SPX、SLIP、PPP 等。

(4) 强大的数据库支持能力

Oracle、DB2、Sybase、Informix 等大型数据库都把 Linux 作为其主要的数据库开发和运行平台，到目前为止，依然如此。

(5) 强大的开发功能

Linux 促使了 C 语言的诞生，并相互促进与发展，成为当时工程师的首选操作系统和开发环境。互联网早期有重大意义的软件新技术的出现几乎都在 Linux 上，例如：TCP/IP、WWW、Java、XML 等。

3.2 Linux 文件管理常用命令、Shell 编程

Linux 命令通常实现为磁盘上的文件，表示可执行的程序。Linux 文件名区分大小写，不过命令名通常是小写的，并且这些名称的长度一般不超过 4 个字符。与 Windows 不同，Linux

不要求命令名必须带有扩展名(如.exe 和.com 等)。扩展名的使用仅仅是为了方便,或者是为了满足应用程序提出的要求。不过,为便于识别,还是经常给出这些扩展名。Shell 既是解释器,又是脚本设计语言。从这个角度来说,Shell 既可以是交互的,也可以是非交互的。交互式 Shell 在执行 Shell 脚本时会运行一个非交互式 Shell。

3.2.1 Linux 文件基础知识

Linux 用到了有多个单词的命令(如 mkdir scripts),以及内嵌了连字符的命令(ls-F)。图 3-2 中给出了一条命令结构。

这个命令序列有 5 个单词。第一个单词是命令本身,其余单词是它的参数。这里指定 ls 命令有 4 个参数。两个参数以连字符开头(-l 和-t),称为选项,整行称为命令行。只有在按下 Enter 键之后,才开始执行命令行。

图 3-2 Linux 命令的结构

1. echo:显示消息

在 Shell 脚本中经常使用该命令在终端上显示诊断消息,或者给出提示消息,要求用户输入某些内容:

```
$ echo "Filename not entered"
```

2. date:显示系统日期

可以用 date 命令显示当前日期,并精确到最接近的秒:

```
$ date
Tue May 19 17:04:30 CST 2020
```

该命令还能以适当格式的"+"前缀说明符作为参数。例如,可以使用格式+％m,仅输出月份:

```
$ date +%m
05
```

或者月份名字:

```
$ date +%h
May
```

或者可以将它们结合在一条命令中:

```
$ date +"%h %m"
May 05
```

在使用多格式说明符时,必须把它们放在引号中(单引号或双引号),并以单个加号(+)为前缀。下面是一张很有用的列表,给出了其他格式的说明符:

d—月份中的某一天(1~31)。
y—年份的最后两位。

H、M 和 S——分别表示时、分、秒。

D——mm/dd/yy 格式的日期。

T——hh:mm:ss 格式的时间。

3. mkdir:创建目录

mkdir(make directory,创建目录)命令创建一个或多个目录。现在使用该命令在主目录中创建一个或多个目录:

```
mkdir /test
```

4. ls:列出文件

ls(list,列表)命令列出文件,即列出文件的名称。在默认情况下(即使用时未提供参数),它会读取当前目录而获得列表。默认的输出可能会在多列中显示文件名。

5. cp:复制文件

cp 命令复制一个或多个文件或目录结构,其语法要求至少指定两个文件名(源文件和目标文件):

```
cp fork.c fork.c.bak
```

尽管这里使用的是简单文件名,但源文件和目标文件也可以是路径名。若目标文件(fork.c.bak)不存在,则 cp 会首先创建它。否则,会直接覆盖它,而且不会发出任何警告。因此,在使用 cp 之前,必须使用 ls 查看目标文件是否存在。

6. mv:重命名文件

用过了 cp,再用 mv 就很方便了。这个命令重命名文件或目录,它还可以将一组文件移动到一个目录。以下程序将 fork.txt 重命名为 fork.c:

```
mv fork.txt fork.c
```

7. rm:删除文件

文件通常是在磁盘上创建的,应当定期清理以释放磁盘空间。rm 命令删除文件和目录。以下命令可以删除 3 个文件:

```
rm chap01 chap02 chap03        rm chap*  #这样的用法是很危险的!
```

rm 经常和 * 一起使用,以删除目录中的所有文件。下面的命令将清空目录 progs:

```
rm progs/ *
```

rm 还可以清理当前目录:

```
$   rm   *
```

所有文件消失!

8. cat:显示和串联文件

cat 命令将显示一个或多个文件的内容。它适合显示小型文件:

```
$ cat /etc/passwd
root:x:0:0:root:/root:/bin/bash
daemon:x:1:1:daemon:/usr/sbin:/usr/sbin/nologin
bin:x:2:2:bin:/bin:/usr/sbin/nologin
```

这是用户信息的构成方式。cat 仅输出文件中的每个字节,没有任何标题或结尾信息。

9. chmod:改变文件权限

在讨论 chmod 之前,将所有者称为用户,因为 chmod 命令(它会改变文件权限)称呼所有者。本节只要说到用户即指所有者。

使用 chmod 命令的语法如下:

```
chmod [-R] mode file ...
```

POSIX 仅指定了一个选项(-R)。mode 可以用两种方式表示:
- 以相对形式,指定对当前权限的修改。
- 以绝对形式,指定最终的权限。

chmod 的两种使用方式都将讨论,但要记住,只有这个文件的所有者才能改变这些权限。

10. 目 录

目录中存有文件名和 inode 编号,所以目录的大小由其中容纳的文件数决定,而不是由文件的大小决定。目录也有自己的权限集,其意义与普通文件的权限集有很大不同。使用相同的 umask 设置,然后创建一个目录:

```
$ umask 022 ;mkdir progs ;ls -ld progs
drwxr-xr-x  2 romeo  metal    512 Feb 22 09:24 progs
```

所有类别都有读权限和执行权限,只有用户拥有写权限。目录的权限也会影响其文件的访问权。这些内容容易造成混淆,所以要仔细研究这些权限。

(1)读权限

目录的读权限意味着目录中存储的文件名列表是可访问的。因为 ls 读取目录以显示文件名,所以在清除目录的读权限后,ls 就无法正常使用。考虑首先删除目录 progs 的读权限:

```
$ chmod u-r progs
$ ls progs
progs: Permission denied
```

但是,如果知道文件名,也不妨碍单独读取这些文件。

(2)写权限

一个目录的写权限意味着允许在其中创建或删除文件(这些操作会使内核修改目录项)。安全问题通常与目录的写权限相关,可以用刚刚创建的目录做一些测试。

首先,恢复读权限,然后向该目录中复制一个权限为 644 的文件:

```
chmod u+r progs ;cp date.sh progs
```

现在,用 cd 命令切换到该目录,并显示目录及其中文件名的清单:

```
$ cd progs ;ls - ld . date.sh
drwxr-xr-x  2 romeo   metal    512 Feb 22 09:39 .
-rw-r--r--  1 romeo   metal      5 Feb 22 09:39 date.sh
```

文件和目录均允许用户写入。date.sh 现在既可被编辑，也可被删除，还可以在这个目录中创建新文件。

目录的写权限关闭，文件的写权限开启。现在清除目录的写权限，然后查看是否可以删除该文件：

```
$ chmod u-w . ;ls - ld . ;rm date.sh
dr-xr-xr-x  2 romeo   metal    512 Feb 22 09:59 .
rm: date.sh not removed: Permission denied
```

删除一个文件就是删除它在目录中的相应条目。显然，date.sh 不能被删除，但它能否编辑呢？当然可以。该文件有写权限，即可以用 vi 编辑器来编辑它。修改一个文件，不会以任何方式影响它的目录项。

目录的写权限开启，文件的写权限关闭。现在颠倒上述设置，恢复目录的写权限，删除文件的写权限：

```
$ chmod u+w . ;chmod u-w date.sh ;ls - ld . date.sh
drwxr-xr-x  2 romeo   metal    512 Feb 22 09:59 .
-r--r--r--  1 romeo   metal      5 Feb 22 09:39 date.sh
```

可以在这个目录中创建一个文件，这是很显然的，但能否删除 date.sh 呢？

```
$ rm date.sh
rm: date.sh: override protection 444(yes/no)? yes
```

rm 在遇到一个没有写权限的文件时会变为交互式的。注意：date.sh 没有写权限只是意味着不能修改它，但能否被删除，则取决于目录的权限。

目录的写权限关闭，文件的写权限关闭。既然 date.sh 已经消失了，那么再次从父目录中获取它，然后再关闭文件和目录的写权限：

```
$ cp ../date.sh .
$ chmod u-w date.sh . ;ls - ld . date.sh
dr-xr-xr-x  2 romeo   metal 512 Feb 22 10:11 .
-r--r--r--  1 romeo   metal   5 Feb 22 10:11 date.sh
```

这是最安全的安排方式了，既不能编辑该文件，也不能在该目录中创建或删除文件。

3.2.2 Shell 编程基础

1. 重定向

在重定向的上下文中，终端是一个通用名字，可以表示屏幕、显示器或键盘。在终端（显示器）上看到命令输出和错误消息，有时会通过终端（键盘）提供命令输入。Shell 将 3 个文件与终端关联在一起——两个与显示器关联，一个与键盘关联。Shell 会提供 3 个文件，用来表示 3 个流。每个流都与一个默认设备相关联，这个设备就是终端：

- 标准输入——表示输入的文件(或流),它被连接到键盘。
- 标准输出——表示输出的文件(或流),它被连接到显示器。
- 标准错误——表示由命令或 Shell 发出的错误消息文件(或流),它也被连接到显示器。

(1) 标准输入

可以使用 cat 和 wc 命令来读取磁盘文件,这些命令还有另外一种获取输入的方法。如果在使用这些命令时没有提供参数,它们会读取表示标准输入的文件。这个文件实际上是很特殊的,它可以表示 3 个输入源,如图 3-3 所示:

- 键盘,默认输入源。
- 使用符号"<"(元字符)重定向的文件。
- 使用管道的程序。

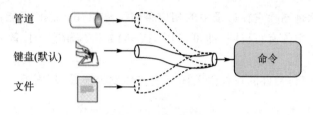

图 3-3 3 种标准输入源

在使用不带参数的 wc 时,如果命令行中也没有诸如"<"或"|"之类的特殊符号,wc 就从默认输入源获取输入。必须从键盘提供这一输入,并用[Ctrl-d]表示输入结束:

```
$ wc
Standard input can be redirected
It can come from a file
or a pipeline
[Ctrl - d]
    3    14    71
```

wc 命令从标准输入获取流,立即计算出 3 行、14 个单词和 71 个字符。现在以一个文件名为参数来运行 wc:

```
$ wc /etc/passwd
    21    45    1083 /etc/passwd
```

这里有一个第 4 列;wc 会输出文件名,因为它打开了文件本身。在另一个例子中,没有指定文件名,所以不会输出文件名。wc 直接读取在用户登录时由 Shell 打开的标准输入文件。

Shell 的操作在这里是非常有用的。它可以重新指定标准输入,或者说将其重定向为来自磁盘上的一个文件。这一重定向操作需要使用符号"<":

```
$ wc < /etc/passwd
    21    45    1083
```

再次缺少了文件名,这意味着 wc 不能打开/etc/passwd。它会读取标准输入文件,作为流,只有在 Shell 将这个流重新指定到磁盘文件后才能读取。这个序列的工作方式如下:

① 在看到"<"后,Shell 会打开磁盘文件/etc/passwd,以供读取。

② 它将断开标准输入文件与其默认输入源之间的关联,将其指定给/etc/passwd。
③ wc 读取之前已经被 Shell 重新指定给/etc/passwd 的标准输入。

(2) 标准输出

实际上,所有在终端上显示输出结果的命令都以字符流形式写入标准输出文件,而不是直接写在终端上。这个流的可能目的地有 3 个(如图 3-4 所示):

- 终端,默认目的地。
- 文件,使用重定向符号">"和">>"。
- 作为另一个程序的输入。

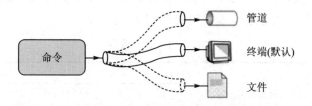

图 3-4 标准输出的 3 个目的地

Shell 在命令行中看到符号">"或">>"时,可以实施这个流的重定向,使用后面带有文件名的">"(大于号)操作符,用任意文件替换默认目的地(终端):

```
$ wc /etc/passwd > newfile
$ cat newfile
    21    45  1083 /etc/passwd
```

第一条命令将/etc/passwd 的单词数发送到 newfile,在终端屏幕上不会显示任何内容。

(3) 文件描述符

在继续下面的讨论之前,应当知道这 3 个标准文件分别用一个数字表示,数字称为文件描述符。文件是通过引用其路径名而打开的,但后续的读写操作都是用这个文件描述符来识别文件的。内核为系统中运行的每个进程维护了一张文件描述符的表格。前 3 个通常分配 3 个标准流,划分如下:0——标准输入;1——标准输出;2——标准错误。

(4) 标准错误

当未能成功运行命令时,经常会在屏幕上显示诊断消息。这就是标准错误流,其默认目的地是终端。在试图"cat"一个不存在的文件时会发生以下错误流:

```
$ cat foo
cat: cannot open foo
```

cat 不能打开该文件,并写入到标准错误。如果所用的 Shell 不是 C Shell,则可以将这个流重定向到一个文件。使用标准输出的符号显然行不通,需要使用符号"2>":

```
$ cat foo > errorfile
cat: cannot open foo              #错误流不能用>来捕获
$ cat foo 2> errorfile
$ cat errorfile
cat: cannot open foo
```

尽管标准输出和标准错误都使用终端作为默认目的地,但 Shell 拥有一种能够分别捕获它们的机制,也可以采用追加标准输出的方式来追加标准错误:

```
cat foo 2>> errorfile
```

或者分别重定向它们:

```
foo.sh > bar1 2>bar2
```

2. grep

grep 是最重要的 Linux 命令之一,必须知道 POSIX 要求 grep 支持的选项,它们结合起来可以支持所有 POSIX 选项。grep 选项如表 3-1 所列。

表 3-1 grep 选项

选 项	意 义
-i	在匹配时忽略大小写
-v	不显示匹配表达式的行
-n	显示各行及行号
-c	显示出现次数
-l	仅显示文件名列表
-e *exp*	用这个选项指定表达式 exp,可以使用多次,也用于匹配以连字符开头的表达式
-x	以整行匹配模式(不匹配嵌入模式)
-f *file*	从 file 中获取模式,每种模式占一行
-E	将模式看作扩展正则表达式(ERE)
-F	匹配多个字符串(采用 fgrep 样式)
-*n*	显示行及上下 *n* 行(仅 Linux)
-A*n*	显示行及匹配行之后的 *n* 行(仅 Linux)
-B*n*	显示行及匹配行之前的 *n* 行(仅 Linux)

(1) 忽略大小写(-i)

在查找一个名称但不能确认大小写时,grep 提供了-i(ignore,忽略)选项,它会忽略模式匹配的大小写:

```
$ grep -i 'WILCOX' emp.lst
2345:james wilcox    :g.m.    :marketing :03/12/45:110000
```

(2) 删除行(-v)

grep 还可以扮演取反角色,-v(inverse,取反)选项将选择所有行,但包含模式的行除外。因此,可以创建一个文件 otherlist,其中包含除经理(director)之外的所有行:

```
$ grep -v 'director' emp.lst > otherlist
$ wc -l otherlist
   11 otherlist                       #开始时共有 4 位经理
```

在使用 grep -v 时,经常会将其输出重定向到一个文件,用于删除不希望存在的行。显然,原文件中并没有删除这些行。

注意:-v 选项从 grep 的输出中删除行,但不会实际改变参数中的文件。这一选项经常与重定向一起使用。

(3) 显示文件名(-l)

程序员经常使用-l(list,列表)选项查找使用一个变量或系统调用的文件。使用以下程序可以很轻松地找出使用 fork 系统调用的 C 程序:

```
$ grep - l fork *.c
fork.c:printf("Before fork\n");
fork.c:pid = fork();              /* Replicates current process */
orphan.c:if((pid = fork()) > 0)   /* Parent */
wait.c:switch(fork())
```

(4) 匹配多个模式(-e)

-e 选项有两个功能——匹配多个模式和匹配以连字符开头的模式。Linux 同时支持这两种功能,但 Solaris 仅在 XPG4 版本中提供这一选项。下面给出如何通过多次使用-e 来匹配多个模式:

```
$ grep - e woodhouse - e wood - e woodcock emp.lst
2365:john woodcock   :director   :personnel  :05/11/47:120000
5423:barry wood      :chairman   :admin      :08/30/56:160000
1265:p.j.woodhouse   :manager    :sales      :09/12/63:90000
```

3. Linux 工作调度的种类

Linux 有两种工作调度的方式:例行性的,即每隔一定的周期执行;突发性的,即仅仅执行一次。

at 是个可以处理仅执行一次就结束调度的指令。在执行 at 时,必须要有 atd 服务的支持;crontab 指令所设置的工作将会一直循环执行,可循环的时间为分钟、小时、每周、每月或每年等。

(1) at

如果系统负载在一天内有很大变化,那么将一些不太紧急的作业安排到系统开销较低的时间来执行,则是非常有意义的。at 命令使这些计划安排成为可能。

at 安排作业执行一次。这个命令以计划日期和时间为参数。要运行的命令在 at> 提示符处指定:

```
$ at 14:08
at>empawk2.sh
[Ctrl - d]
commands will be executed using /usr/bin/bash
job 1041188880.a at Sun Dec 29 14:08:00 2002
```

作业将被提交给一个队列。作业 ID 根据自 Epoch 以来流逝的秒数推导得出。这种方法是很有意义的,可以让这些编号在多年之内都是独一无二的。今天 14:08 将会执行程序 empawk2.sh。尽管你现在知道这一安排,但遗憾的是,以后没办法找出所安排的程序名称。除

非进行了重定向,否则标准输出和错误都将被发送给用户。或者,可以在 at> 提示符处进行重定向:

```
at 15:08
empawk2.sh > rep.lst
```

at 还提供了诸如 now、noon、today 和 tomorrow 等关键字。它还提供了 hours、days、weeks 等单词和符号"+"一起使用。下面展示了一些关键字和操作符的使用:

```
at15                          #采用 24 小时格式
at 3:08pm
at noon                       #在今天 12:00 时
at now + 1 year               #在一年后的现在
at 3:08pm + 1 day             #在明天下午 3:08
at 15:08 December 18,2001
at 9am tomorrow
```

还可以使用-f 选项从文件中获取命令。想要将作业完成情况发送给用户,可以使用-m 选项。用 at -l 可以列出作业清单,用 at -r 可以删除作业。

(2) crontab 定期运行作业

cron 是守护程序,是一个周期执行的计划程序,查看 crontab 文件中是否有需要在该时刻执行的指令。在执行这些指令之后,它会继续睡眠,等到下一次再醒来。

crontab 文件在 user-id 之后命名,通常位于/var/spool/cron/crontabs 中。但这个位置与系统有关。romeo 在此目录下有一个同名文件。每个被安排执行计划的作业都在这个文件中用单独一行指定其执行时间,crontab 项的组成如图 3-5 所示。

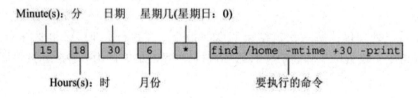

图 3-5 crontab 项的组成

图 3-5 中有 6 个字段,前 5 个完全决定了命令的执行频率。下面的列表给出了各字段的意义,括号中是其取值范围:

1　分(00 至 59)
2　时(0 至 23)
3　日期(0 到具体月份的最大天数)
4　月份(1 至 12)
5　星期几(0 到 6,0 为星期日)
6　要执行的命令

4. 管　道

为了便于理解管道,首先尝试用 who 命令生成一个用户列表——每位用户占一行,我们将这一输出保存在一个文件中:

```
$ who > user.txt
$ cat user.txt
root       console   Aug 1 07:51(:0)
romeo      pts/10    Aug 1 07:56(pc123.heavens.com)
juliet     pts/6     Aug 1 02:10(pc125.heavens.com)
project    pts/8     Aug 1 02:16(pc125.heavens.com)
```

如果现在将 wc -l 命令的标准输入重定向为来自 user.lst,就能有效地计算出用户的个数:

```
$ wc -l < user.txt
    4                                    #计算用户的个数
```

who 的标准输出在这里被重定向,作为 wc 的标准输入,它们都使用同一磁盘文件。Shell 可以使用一个特殊操作符"|"(管道)连接这些流,避免创建磁盘文件。我们可以使 who 和 wc 串联工作,使其中一个从另一个获取输入:

```
$ who | wc -l                            #没有创建中间文件
    4
```

who 的输出被直接传递给 wc 的输入,who 被以管道方式传送给 wc。以这种方式将一系列命令组合在一起就构成了一个管道。这一互连关系由 Shell 建立,命令对此一无所知。

管道分别是标准输入与标准输出的第 3 个来源和目的地,可以使用其中一个来计算当前目录中的文件数目:

```
$ ls | wc -l
    15
```

注意:没有专门为计算文件数目而设计的命令,当然,设计者可以为 ls 提供另一个选项,就能轻松地完成这一任务。

5. Shell 变量

定义变量时,变量名不加美元符号,如:

```
your_name = "romeo"
```

注意:变量名和等号之间不能有空格,这可能和你熟悉的所有编程语言都不一样。同时,变量名的命名须遵循如下规则:
- 命名只能使用英文字母、数字和下划线,首个字符不能以数字开头。
- 中间不能有空格,可以使用下划线。
- 不能使用标点符号。
- 不能使用 bash 里的关键字(可用 help 命令查看保留关键字)。

(1) 使用变量

使用一个定义过的变量,只要在变量名前面加美元符号即可,如:

```
your_name = "qinjx"
echo $your_name
echo ${your_name}
```

(2) 只读变量

使用 readonly 命令可以将变量定义为只读变量,只读变量的值不能被改变。

下面的例子尝试更改只读变量,结果报错:

```
#!/bin/bash
myUrl="https://www.google.com"readonly myUrl
myUrl="https://www.romeo"
```

运行脚本,结果如下:

```
/bin/sh: NAME:This variable is read only.
```

(3) 删除变量

使用 unset 命令可以删除变量。语法:

```
unset variable_name
```

变量被删除后不能再次使用,unset 命令不能删除只读变量。

(4) 变量类型

运行 Shell 时,会同时存在 3 种变量:

① 局部变量。局部变量在脚本或命令中定义,仅在当前 Shell 实例中有效,其他 Shell 启动的程序不能访问局部变量。

② 环境变量。所有的程序(包括 Shell 启动的程序)都能访问环境变量,有些程序需要环境变量来保证其正常运行。必要的时候,Shell 脚本也可以定义环境变量。

③ Shell 变量。Shell 变量是由 Shell 程序设置的特殊变量。Shell 变量中有一部分是环境变量,有一部分是局部变量,这些变量保证了 Shell 的正常运行。

6. Shell 字符串

字符串是 Shell 编程中最常用且最有用的数据类型,字符串可以用单引号,也可以用双引号,还可以不用引号。

(1) 单引号

```
str='this is a string'
```

单引号字符串的限制:

- 单引号里的任何字符都会原样输出,单引号字符串中的变量是无效的;
- 单引号字符串中不能出现单独一个的单引号(对单引号使用转义符后也不行),但可成对出现,作为字符串拼接使用。

(2) 双引号

```
your_name="romeo"
str="Hello,I know you are \"$your_name\"! \n"
echo -e $str
```

输出结果如下:

```
Hello,I know you are "romeo"!
```

双引号的优点如下：
- 双引号里可以有变量；
- 双引号里可以出现转义字符。

(3) 拼接字符串

```
your_name = "romeo"                              #使用双引号拼接
greeting = "hello," $ your_name " !"
greeting_1 = "hello, ${your_name} !"
echo $ greeting    $ greeting_1                  #使用单引号拼接
greeting_2 = 'hello,' $ your_name ' ! '
greeting_3 = 'hello, ${your_name} ! '
echo $ greeting_2    $ greeting_3
```

输出结果如下：

```
hello,romeo ! hello,romeo !
hello,romeo ! hello, ${your_name} !
```

(4) 获取字符串长度

```
string = "abcd"
echo ${#string}                                  #输出 4
```

(5) 提取子字符串

以下实例从字符串第 2 个字符开始截取 4 个字符：

```
string = "romeo is a great site"
echo ${string:1:4}                               #输出 unoo
```

注意：第一个字符的索引值为 0。

(6) 查找子字符串

查找字符 i 或 o 的位置（哪个字母先出现就计算哪个）：

```
string = "romeo is a great site"
echo `expr index " $ string" io`                 #输出 4
```

注意：以上脚本中""" 是反引号，而不是单引号 "'"。

7. Shell 注释

以"#"开头的行就是注释，会被解释器忽略。

在开发过程中，如果遇到大段的代码需要临时注释起来，过一会儿又需要取消注释，怎么办呢？

如果每一行加个"#"符号太费力了，可以把这一段要注释的代码用一对花括号括起来，定义成一个函数，没有地方调用这个函数，这段代码就不会执行，达到了和注释一样的效果。

多行注释还可以使用以下格式：

```
:<<EOF 注释内容...注释内容...注释内容...
EOF
```

8. Shell 运算符

Shell 和其他编程语言一样,支持多种运算符,包括算术运算符、关系运算符、布尔运算符、逻辑运算符、字符串运算符。

例如,两个数相加(注意使用的是反引号"`"而不是单引号"'")时,有两点需要注意:
- 表达式和运算符之间要有空格,例如 2+2 是不对的,必须写成 2 + 2,这与我们熟悉的大多数编程语言不一样。
- 完整的表达式要被"` `"包含,注意这个字符不是常用的单引号,是在 Esc 键下方的按键。

(1) 算术运算符

表 3-2 列出了常用的算术运算符,假定变量 a 为 10,变量 b 为 20。

表 3-2 常用算术运算符

运算符	说 明	举 例
+	加法	`expr $a + $b`结果为 30
-	减法	`expr $a - $b`结果为 -10
*	乘法	`expr $a \* $b`结果为 200
/	除法	`expr $b / $a`结果为 2
%	取余	`expr $b % $a`结果为 0
=	赋值	a=$b 把变量 b 的值赋给 a
==	相等。用于比较两个数字,若相同则返回 true	[$a == $b]返回 false
!=	不相等。用于比较两个数字,若不相同则返回 true	[$a != $b]返回 true

注意:条件表达式要放在方括号之间,并且要有空格,例如:[$a==$b]是错误的,必须写成[$a == $b]。

(2) 关系运算符

关系运算符只支持数字,不支持字符串,除非字符串的值是数字。

表 3-3 列出了常用的关系运算符,假定变量 a 为 10,变量 b 为 20。

表 3-3 常用关系运算符

运算符	说 明	举 例
-eq	检测两个数是否相等,若相等则返回 true	[$a -eq $b]返回 false
-ne	检测两个数是否不相等,若不相等则返回 true	[$a -ne $b]返回 true
-gt	检测左边的数是否大于右边的数,如果是,则返回 true	[$a -gt $b]返回 false
-lt	检测左边的数是否小于右边的数,如果是,则返回 true	[$a -lt $b]返回 true
-ge	检测左边的数是否大于等于右边的数,如果是,则返回 true	[$a -ge $b]返回 false
-le	检测左边的数是否小于等于右边的数,如果是,则返回 true	[$a -le $b]返回 true

(3) 布尔运算符

表 3-4 列出了常用的布尔运算符,假定变量 a 为 10,变量 b 为 20。

表 3-4　常用布尔运算符

运算符	说　明	举　例
!	非运算,若表达式为 true,则返回 false,否则返回 true	[! false] 返回 true
-o	或运算,有一个表达式为 true,则返回 true	[$ a -lt 20 -o $ b -gt 100] 返回 true
-a	与运算,两个表达式都为 true 才返回 true	[$ a -lt 20 -a $ b -gt 100] 返回 false

（4）逻辑运算符

表 3-5 列出了 Shell 的逻辑运算符,假定变量 a 为 10,变量 b 为 20。

表 3-5　Shell 的逻辑运算符

运算符	说　明	举　例
&&	逻辑的 AND	[[$ a -lt 100 && $ b -gt 100]] 返回 false
||	逻辑的 OR	[[$ a -lt 100 || $ b -gt 100]] 返回 true

（5）字符串运算符

表 3-6 列出了常用的字符串运算符,假定变量 a 为"abc",变量 b 为"efg"。

表 3-6　常用字符串运算符

运算符	说　明	举　例
=	检测两个字符串是否相等,若相等则返回 true	[$ a = $ b] 返回 false
! =	检测两个字符串是否不相等,若不相等则返回 true	[$ a ! = $ b] 返回 true
-z	检测字符串长度是否为 0,若为 0 则返回 true	[-z $ a] 返回 false
-n	检测字符串长度是否不为 0,若不为 0 则返回 true	[-n " $ a"] 返回 true
$	检测字符串是否为空,若不为空则返回 true	[$ a] 返回 true

3.2.3　Shell 流程控制

1. if 条件句

if 语句根据是否满足特定条件作出两路判断。在 Shell 中,该语句采用如图 3-6 所示的 3 种形式(与其他语言中使用的形式非常类似)。

形式1	形式2	形式3
if命令成功 then 　　执行命令 fi	if命令成功 then 　　执行命令 else 　　执行命令 fi	if命令成功 then 　　执行命令 elif命令成功 then... else... fi

图 3-6　if 语句的 3 种形式

if 需要一个 then,并以 fi 结束。它评估其"命令行"中指定的控制命令是否成功。如果命令成功,则执行后续的命令序列。如果命令失败,则执行 else 语句(如果存在该语句的话)后面的命令,但并非总是需要此语句,如图 3-6 中的形式 1 所示。

这里的控制命令可以是任意 Linux 命令或任意程序,它的退出状态仅决定了操作的过程。这意味着可以像下面这样使用 if 构造:

```
if grep " $ name" /etc/passwd
```

这里,先执行 grep 检验文件内容查找匹配指定字符串,再执行 if 语句判断。也可以使用 if ! condition 对控制命令取反。以下条件:

```
if ! grep " $ name" /etc/passwd
```

仅当 grep 失败时为真。

2. for:用列表进行循环

Shell 具有 for、while 和 until 循环功能,可以用来重复执行一组命令。for 循环不支持 C 语言中采用的 3 部分结构,而是采用一个列表:

```
for variable in list
do
    commands                                    #循环体
done
```

关键字 do 和 done 划定了循环体的界限。循环迭代由关键字 variable 和 list 控制。在每次迭代中,list 中的每个单词都被指定给 variable,并执行 commands。当 list 耗尽时,循环结束。列举一个简单的例子来加深理解:

```
$ for file in chap20 chap21 chap22 chap23 ;do
>   cp $ file $ {file}.bak
>   echo $ file copied to $ file.bak
> done
chap20 copied to chap20.bak
chap21 copied to chap21.bak
chap22 copied to chap22.bak
chap23 copied to chap23.bak
```

这里的 list 包含一系列表示文件名的字符串。首先每个字符串(chap20 及后续内容)被指定给变量 file,然后复制每个文件,并为其添加.bak 扩展名,接下来是给出的完整消息。

注意:单词之间默认由空格分隔,但包含多个单词的带引号字符串会被 for 看成一个单词。

3. 列表的来源

和在 case 中一样,这个列表可以来自任何地方,可以来自变量和通配符:

```
for var in $ PATH $ HOME $ MAIL              #来自变量
for file in *.htm *.html                     #来自所有 HTML 文件
```

当列表中包含通配符时,Shell 将它们解释为文件名。通常,要么列表很大,要么等到运行

时才能知道其内容。在这些情况下,优先使用命令替换。可以在不修改脚本的情况下修改列表:

```
for file in `cat clist`                          #来自文件
```

for 还可用于处理那些由命令行参数赋值的位置参数:

```
for file in "$@"                                 #来自命令行参数
```

注意:"$@"优于$*。若使用$*,则 for 会在使用多单词字符串时出错。

4. while:循环

除了 for 之外,Shell 还支持 while 循环。这个构造也使用关键字 do 和 done,但不使用列表。它使用控制命令来决定执行流程:

```
while condition is true
do
    commands
done
```

只要 condition 为真,由 do 和 done 包围的 commands 就会一直重复执行。与在 if 中一样,可以使用任意 Linux 命令或 test 作为 condition。下面的示例将 ps -e 的输出结果显示 5 次:

```
$ x = 5
$ while [ $x -gt 0 ];do
>   ps -e ;sleep 3                               #睡眠 3 秒
>   x=`expr $x - 1`
> done
```

如果希望将同样的事情做无数次,则可以在一个无穷循环中,以 ps 本身作为控制命令:

```
$ while ps -e ;do                                #由于 ps 返回真,所以条件总是为真
>   sleep 3
> done
```

中断键可以结束这一循环,但所有循环(包括 for)也支持可以达到同一目的的 break 语句。后面将会讨论 break 和 continue 语句。

5. break 和 continue

有时会发现很难指定必须停止循环的时机。另外,可能还需要从循环体中的任意一点进行永久迭代。所有循环都支持可以执行这些任务的 break 和 continue 关键字——经常是在无限循环中使用。可以使用 ps 命令实现,但通常不需要重复执行一条命令。可以采用以下方式之一:

```
while true                                       #true 命令返回 0
while :                                          #:也返回一个真值
```

true 和:除了返回一个为"真"的退出状态外,不做其他任何事情。另一个名为 false 的命令返回一个"假"值。现在可以改变如下代码所示开发的 while 构造,使其变为一个无限循环:

```
while true ;do
    [ -r $1 ] && break
```

```
        sleep $2                    # 睡眠$2秒
    done
    cat $1                          # 在找到$1之后执行
```

break 语句将控制权送出循环之外。本例中,在发现文件$1可读时就会这么做。

continue 语句会挂起它后面所有语句的执行,并启动下一次迭代。break 和 continue 在 C 和 Java 中都有其同名语句,但只有在 Shell 中使用时,它们才能带有参数。

注意:Shell 还提供了一个 until 语句,它的控制命令使用了 while 中的反逻辑。利用 until,只要条件为假,就会一直执行循环体,因此,while[! -r $1]与 until[-r $1]相同。

3.3 本章小结

本章首先简要介绍 Linux 发展史、系统版本、对 Linux 诞生及发展情况进行说明,并对其优秀特性、常见的发行版本及不同场景下的选择进行了分析;然后介绍了 Linux 文件管理常用命令、文件与目录基本操作;最后介绍 Shell 编程基础、变量、运算符、流程控制等知识点。

3.4 课后习题

1. 存放 Linux 基本命令的目录是( )。
   A. /bin   B. /tmp   C. /lib   D. /root
2. 表示当前路径的环境变量是( )。
   A. PATH   B. PWD   C. HOME   D. ROOT
3. 显示当前目录的命令是( )。
   A. pwd   B. cd   C. who   D. ls
4. 欲把当前目录下的 file1.txt 复制为 file2.txt,正确的命令是( )。
   A. copy file1.txt file2.txt   B. cp file1.txt｜file2.txt
   C. cat file2.txt file1.txt   D. cat file1.txt file2.txt
5. 删除文件命令为( )。
   A. mkdir   B. move   C. mv   D. rm
6. 在使用 mkdir 命令创建新的目录时,在其父目录不存在时先创建父目录的选项是( )。
   A. -m   B. -p   C. -f   D. -d
7. 对文件重命名的命令为( )。
   A. rm   B. move   C. mv   D. mkdir
8. 如果执行命令 #chmod 746 file.txt,那么该文件的权限是( )。
   A. rwxr-rw   B. rw-r-r   C. -xr rwx   D. rwxr-r
9. Linux 文件权限一共 10 位长度,分成四段,第三段表示的内容是( )。
   A. 文件类型   B. 文件所有者的权限
   C. 文件所有者所在组的权限   D. 其他用户的权限

第 4 章　Hadoop 集群的搭建

☞ **学习目标：**
- 了解虚拟机软件的下载和安装；
- 掌握在虚拟机中安装 Linux 的步骤；
- 掌握 Linux 系统的相关配置；
- 掌握 Hadoop 集群的搭建及设置；
- 掌握 Hadoop 集群的启动；
- 熟悉 Hadoop 集群的简单测试。

4.1　Hadoop 集群搭建前的准备

首先，Hadoop 作为一个分布式大数据处理框架，可以安装在 Linux 系统以及 Windows 系统上使用，但是在实际开发和使用过程中，绝大多数 Hadoop 集群都是在 Linux 系统上进行安装和使用的，本章讲解如何在 Linux 系统中安装和使用 Hadoop。

其次，在学习过程中，搭建 Hadoop 集群需要多台实体计算机，在日常学习及开发调试过程中不易实现，因此需要使用虚拟机软件，在单台实体机上虚拟出多个 Linux 系统环境，以便搭建好 Hadoop 集群，完成相关学习内容。

4.1.1　安装虚拟机软件

本课程使用的是 Windows 系统中的 VMware Workstation 16.2.0 Pro 虚拟机软件（下载地址：https://customerconnect.vmware.com/cn/downloads/details?downloadGroup=WKST-1620-WIN&productId=1038），按照提示将文件下载后进行安装，具体的安装步骤如下：

① 双击安装程序进入安装向导界面开始安装，如图 4-1 所示。

② 单击"下一步"按钮进入"VMware 最终用户许可协议"界面，如图 4-2 所示。

③ 勾选"我接受许可协议中的条款"选项，然后单击"下一步"按钮，进入"自定义安装"界面，如图 4-3 所示。

④ 单击"更改"按钮，将 VMware 安装到合适的位置（建议：安装位置尽量不要放在 C 盘（系统盘）；安装路径尽可能避免出现中文），默认"增强型键盘驱动程序"和"将 VMware Workstation 控制台工具添加到系统 PATH"两个选项的勾选，单击"下一步"按钮，进入"用户体验设置"界面，如图 4-4 所示。

⑤ 根据个人需要，勾选"启动时检查产品更新"和"加入 VMware 客户体验提升计划"两个选项，单击"下一步"按钮，进入"快捷方式"界面，如图 4-5 所示。

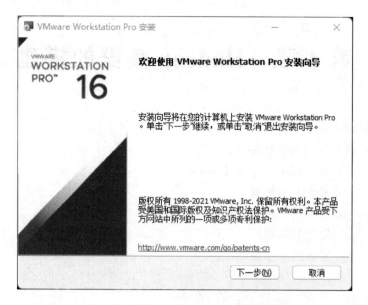

图 4-1　VMware Workstation 安装界面

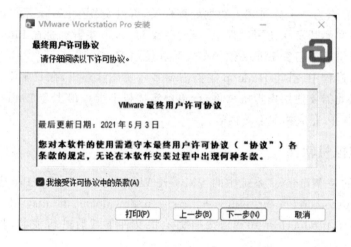

图 4-2　"VMware 最终用户许可协议"界面

图 4-3　"自定义安装"界面

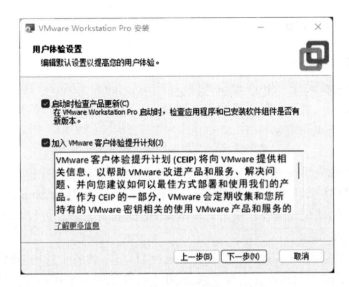

图 4-4 "用户体验设置"界面

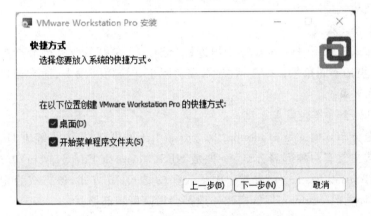

图 4-5 "快捷方式"界面

⑥ 根据个人需要,默认勾选"桌面"和"开始菜单程序文件夹"两个选项,单击"下一步"按钮,进入"准备安装"界面,如图 4-6 所示。

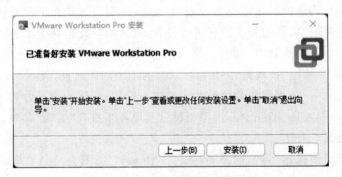

图 4-6 "准备安装"界面

⑦ 单击"安装"按钮,开始安装,完成后需要重新启动计算机。

4.1.2 Hadoop 集群规划

1. Hadoop 集群部署模式

Hadoop 的部署模式有 4 种：本地模式（Local（Standalone）Mode）、伪分布式模式（Pseudo-Distributed Mode）、完全分布式模式（Fully-Distributed Mode）和高可用完全分布式模式（Highly Available Fully-Distributed Mode）。

（1）本地模式

本地模式又称独立模式、单机模式。在该模式下，无须运行任何守护进程，所有的程序都在一台机器的单个 JVM 上执行。本地模式下调试 Hadoop 集群的 MapReduce 程序非常方便，所以一般情况下，该模式适合在快速安装体验 Hadoop、开发阶段进行本地调试使用。

（2）伪分布式模式

伪分布式模式是在一台机器的各个进程上运行 Hadoop 的各个模块，各模块分开运行，但 Hadoop 程序的守护进程只运行在一台节点上，并不是真正的分布式。一般情况下，通常使用伪分布式模式来调试 Hadoop 分布式程序的代码，以及判断程序执行是否正确。伪分布式模式是完全分布式模式的一个特例。

（3）完全分布式模式

在完全分布式模式下，Hadoop 的守护进程分别运行在由多个主机节点搭建的服务器集群上，不同节点担任不同角色。一般情况下，在实际工作应用开发中，通常使用该模式部署构建企业级 Hadoop 系统。

（4）高可用完全分布式模式

高可用完全分布式模式是 Hadoop 2.x 才开始引入的机制，是为了解决 Hadoop 的单点故障问题。此模式主要有两种部署方式，一种是 NFS（Network File System）方式，另外一种是 QJM（Quorum Journal Manager）方式。用得较多的是 QJM 方式，该方式稳定性更好。在实际操作中，生产环境的 Hadoop 集群搭建一般都会做高可用部署。

2. Hadoop 集群规划

本书部署的 Hadoop 集群模式是完全分布式模式，在搭建 Hadoop 集群之前，需要对搭建集群所需要的 3 台计算机进行规划，分别将虚拟机 1 的主机名规划为 master，将虚拟机 2 的主机名规划为 slave01，将虚拟机 3 主机名规划为 slave02，每台虚拟机的网络设置按照 VMware Workstation Pro 虚拟机软件的相关配置进行设置，具体集群规划如图 4-7 所示。

在进行 Hadoop 集群规划时，每台计算机的 IP 地址需要在 VMware Workstation Pro 虚拟机软件划分给虚拟机的 IP 地址段中选择可以使用的 IP 地址，网关、子网掩码也要按照 VMware Workstation Pro 虚拟机软件的相关值进行设置，具体的查看方式如下：

① 在 VMware Workstation Pro 虚拟机软件菜单栏中打开"编辑"菜单，选择"虚拟网络编辑器（N）"选项，如图 4-8 所示。

② 在"虚拟网络编辑器"界面选择名称为"VMnet8"、类型为"NAT 模式"的网络适配器，然后单击右侧的"DHCP 设置（P）"按钮，如图 4-9 所示。

③ 在"DHCP 设置"界面，可以查看到能够使用的 IP 地址段为"192.168.198.128～192.168.198.254"，在这个范围内选择 192.168.198.128 作为计算机 1 的 IP 地址，192.168.198.

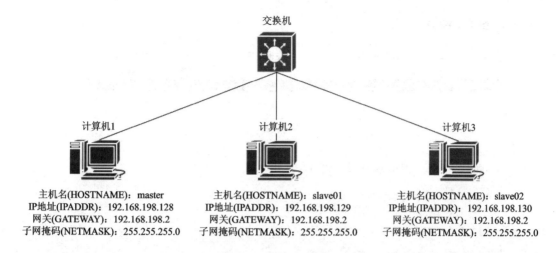

图 4-7　Hadoop 集群规划

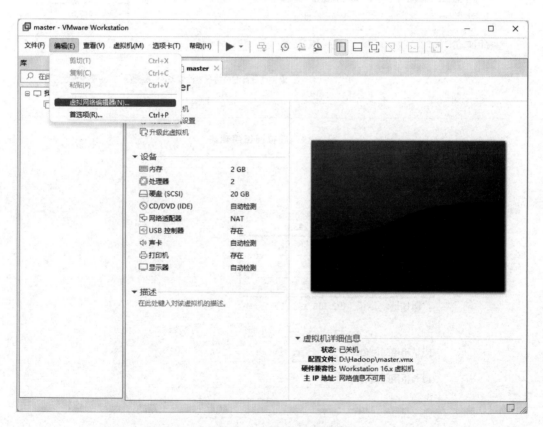

图 4-8　查看虚拟机网络

129 作为计算机 2 的 IP 地址，192.168.198.130 作为计算机 3 的 IP 地址，3 台计算机的子网掩码均为 255.255.255.0，如图 4-10 所示。

④ 在"虚拟网络编辑器"界面，选择名称为"VMnet8"、类型为"NAT 模式"的网络适配器，然后单击右侧的"NAT 设置(S)"按钮，如图 4-11 所示。

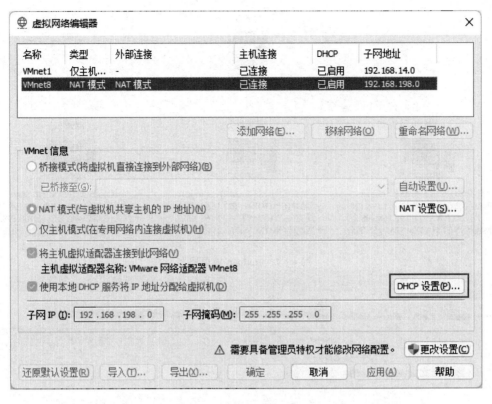

图 4-9　虚拟网络编辑器

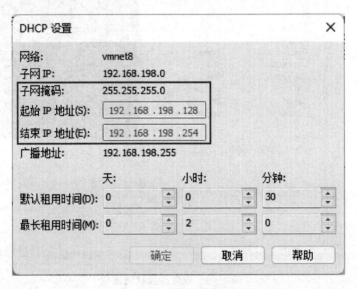

图 4-10　"IP 地址段、子网掩码查看"界面

⑤ 在"NAT 设置"界面，可以看到网关 IP 地址为"192.168.198.2"，如图 4-12 所示。

第 4 章 Hadoop 集群的搭建

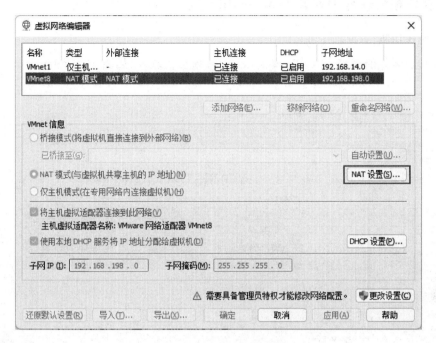

图 4-11 虚拟网络编辑器

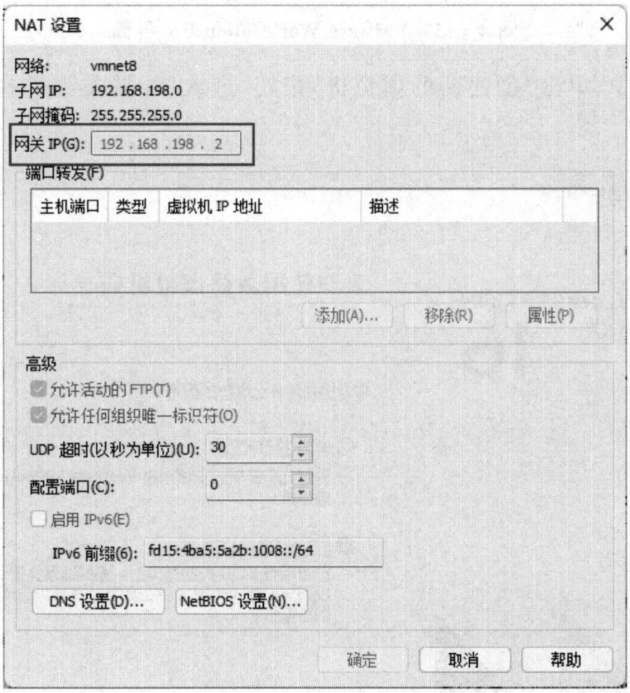

图 4-12 "网关查看"界面

4.1.3 在虚拟机软件中安装 Linux 操作系统

1. 新建虚拟机

① 打开安装好的 VMware Workstation Pro 虚拟机软件,如图 4-13 所示。

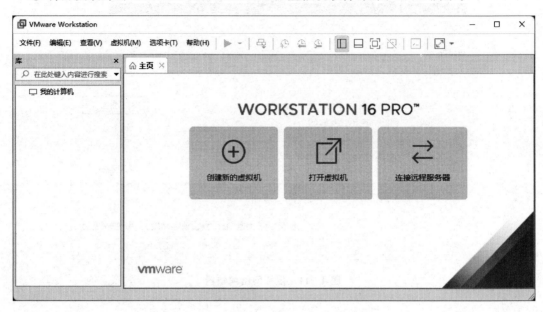

图 4-13　VMware Workstation Pro 界面

② 在图 4-13 中,单击"创建新的虚拟机"按钮,进入"配置类型选择"界面,如图 4-14 所示。

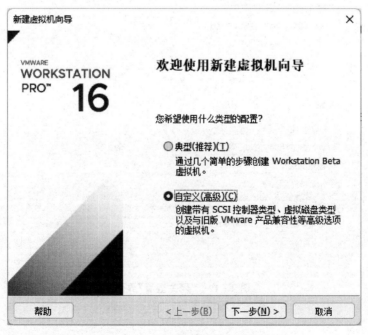

图 4-14　"配置类型选择"界面

③ 在图 4-14 中，选择"自定义（高级）"选项，单击"下一步"按钮，进入"选择虚拟机硬件兼容性"界面，选择"硬件兼容性"选项后的下拉列表框为"Workstation 16.x"，如图 4-15 所示。

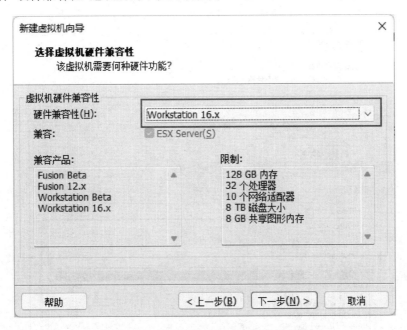

图 4-15 "选择虚拟机硬件兼容性"界面

④ 在图 4-15 中，设置好"硬件兼容性"选项后，单击"下一步"按钮，进入"安装客户机操作系统"界面，由于将在后面的步骤中讲解安装操作系统，因此这里选择"稍后安装操作系统(S)"选项，如图 4-16 所示。

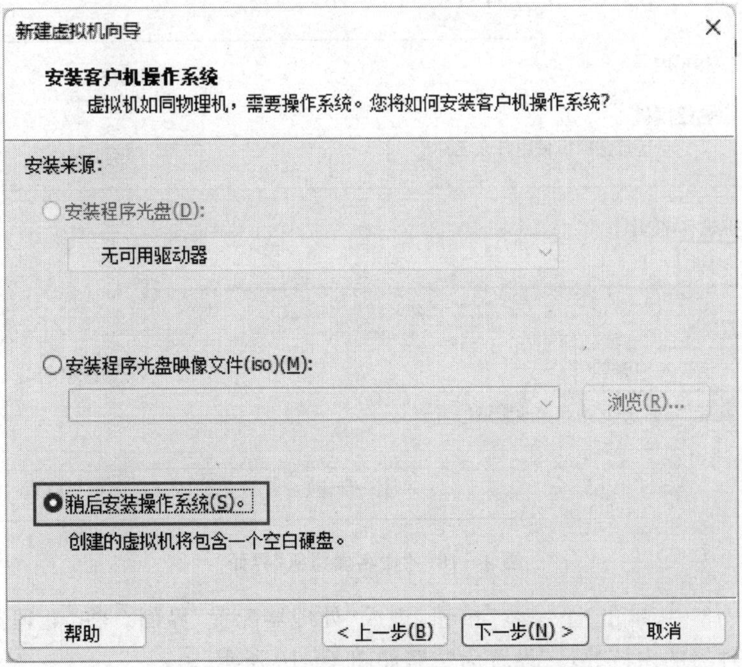

图 4-16 "安装客户机操作系统"界面

⑤ 在图4-16中，单击"下一步"按钮，进入"选择客户机操作系统"界面，由于使用的是CentOS 7.2操作系统，因此在"客户机操作系统"选项处选择"Linux(L)"选项，然后在"版本"选项中选择"CentOS 7 64位"，如图4-17所示。

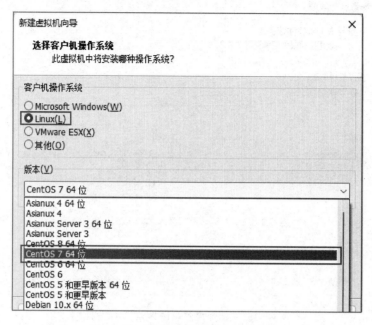

图4-17 "选择客户机操作系统"界面

⑥ 在图4-17中，单击"下一步"按钮，进入"命名虚拟机"界面。这里，按照Hadoop集群搭建规划，给新建的虚拟机取名为master，将新建的虚拟机存放位置进行修改（建议存放在系统盘（C盘）以外的其他磁盘里面），如图4-18所示。

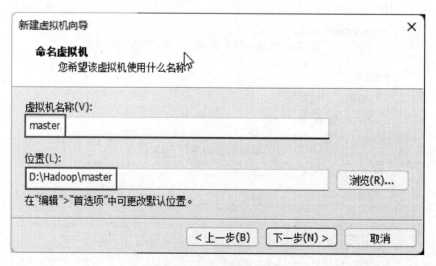

图4-18 "命名虚拟机"界面

⑦ 在图4-18中，单击"下一步"按钮，进入"处理器配置"界面。将"处理器数量"设置为"1"，将"每个处理器的内核数量"设置为"2"，如图4-19所示。

图 4-19 "处理器配置"界面

⑧ 在图 4-19 中,单击"下一步"按钮,进入"此虚拟机的内存"界面。将"此虚拟机的内存"设置为"2048 MB",及 2 GB(这里在设置虚拟机内存时,需要先了解实体机的内存,根据实体机的内存大小设置虚拟机的内存。由于我们需要新建 3 台虚拟机,因此每台虚拟机的内存大小不得超过实体机内存大小的 1/3),如图 4-20 所示。

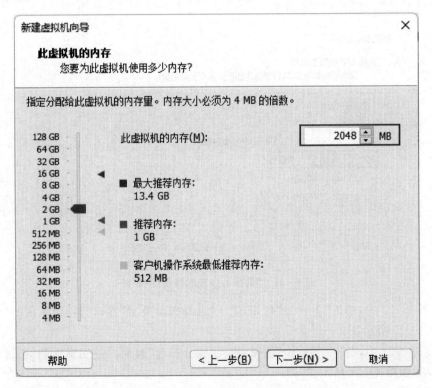

图 4-20 "此虚拟机的内存"界面

⑨ 在图 4-20 中,单击"下一步"按钮,进入"网络类型"界面。使用默认的"使用网络地址转换(NAT)"选项,如图 4-21 所示。

⑩ 在图 4-21 中,单击"下一步"按钮,进入"选择 I/O 控制器类型"界面。使用默认的

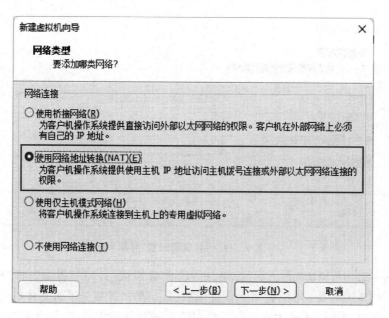

图 4-21 "网络类型"界面

"LSI logic(L)"选项,如图 4-22 所示。

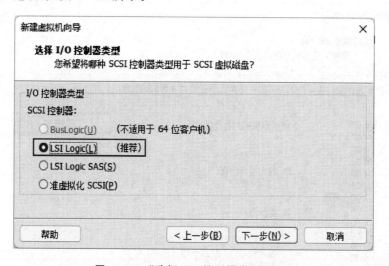

图 4-22 "选择 I/O 控制器类型"界面

⑪ 在图 4-22 中,单击"下一步"按钮,进入"选择磁盘类型"界面。使用默认的"SCSI(S)"选项,如图 4-23 所示。

⑫ 在图 4-23 中,单击"下一步"按钮,进入"选择磁盘"界面。使用默认的"创建新虚拟磁盘(V)"选项,如图 4-24 所示。

⑬ 在图 4-24 中,单击"下一步"按钮,进入"指定磁盘容量"界面,将"最大磁盘大小(GB)(S)"设置为 20.0 GB,使用默认的"将虚拟磁盘拆分成多个文件(M)"选项,如图 4-25 所示。

⑭ 在图 4-25 中,单击"下一步"按钮,进入"指定磁盘文件"界面,使用默认的文件名"master.vmdk",如图 4-26 所示。

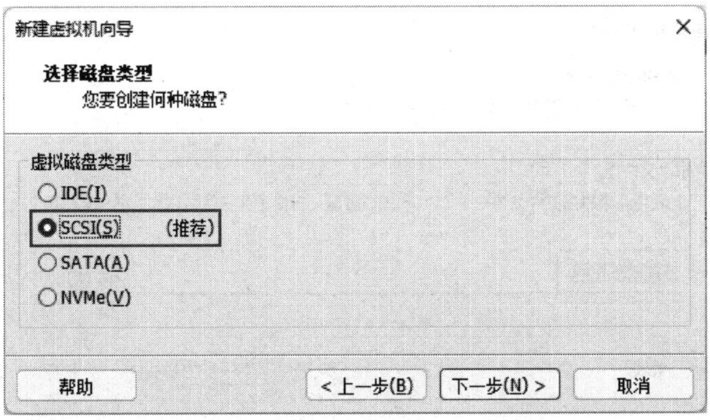

图 4-23 "选择磁盘类型"界面

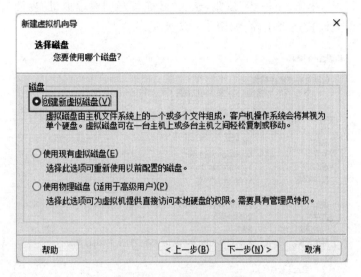

图 4-24 "选择磁盘"界面

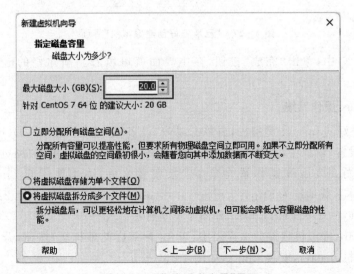

图 4-25 "指定磁盘容量"界面

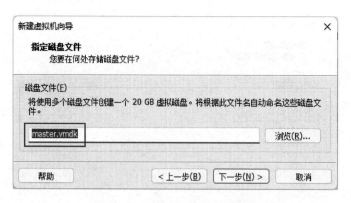

图 4-26 "指定磁盘文件"界面

⑮ 在图 4-26 中,单击"下一步"按钮,进入"已准备好创建虚拟机"界面,在此界面可以查看新建虚拟机的相关设置是否正确,如图 4-27 所示。

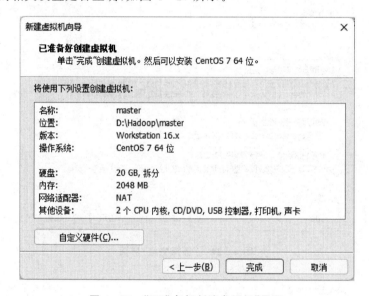

图 4-27 "已准备好创建虚拟机"界面

⑯ 在图 4-27 中,单击"完成"按钮,在主界面就可以看到新建好的虚拟机 master,如图 4-28 所示。

2. 安装 Linux 操作系统

① 选择新建好的 master 虚拟机,再单击左侧"设备"栏中的"CD/DVD(IDE)"选项,在弹出来的"虚拟机设置"窗口中,选择"使用 ISO 映像文件(M)"选项,单击"浏览(B)"按钮,找到并选择已经下载好的 Linux 操作系统光盘安装镜像文件(本书使用的 Linux 操作系统是 CentOS 7.2,具体下载地址为 https://mirrors.aliyun.com/centos-vault/7.2.1511/isos/x86_64/CentOS-7-x86_64-DVD-1511.iso),如图 4-29 所示。

② 在 VMware 虚拟机软件的主界面中,单击"▶开启此虚拟机"按钮,开启挂载好 Linux 镜像文件的虚拟机 master,安装 Linux,如图 4-30 所示。

第 4 章　Hadoop 集群的搭建

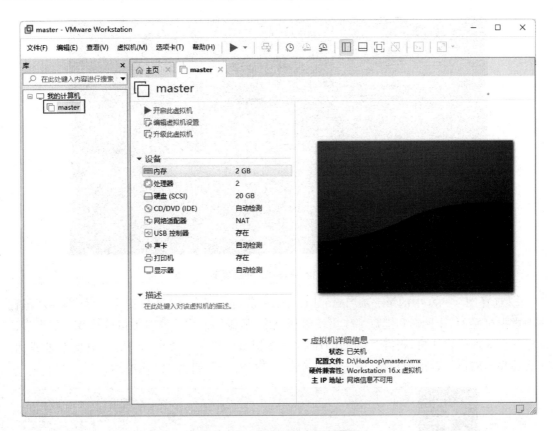

图 4-28　创建好的虚拟机界面

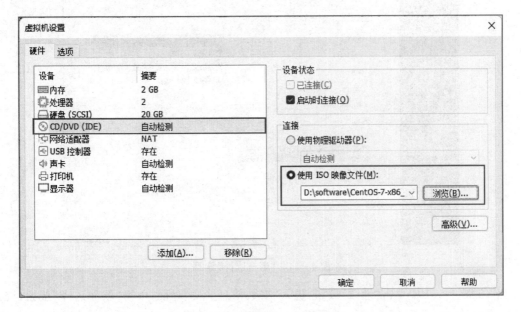

图 4-29　挂载 Linux 镜像文件

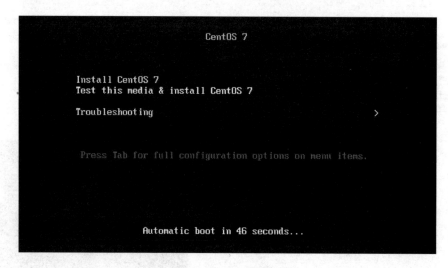

图 4-30 CentOS 安装界面

③ 选择图 4-30 中的第一项"Install CentOS 7",按"回车"键进行安装(此处需要用鼠标单击虚拟机界面,让鼠标和键盘都作用于虚拟机中,所做的操作才能对虚拟机有效。如果想让鼠标和键盘返回实体机,则需要使用 Ctrl+Alt 快捷键),稍等一会儿,进入 CentOS 欢迎界面,在欢迎界面的语言选项中选择"中文"及"简体中文(中国)",如图 4-31 所示。

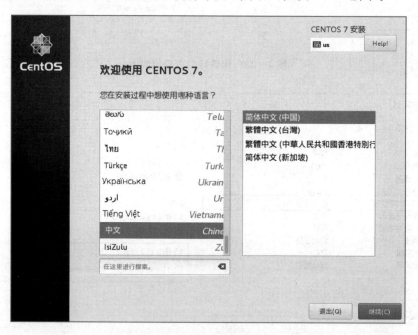

图 4-31 "语言选择"界面

④ 在图 4-31 中单击"继续"按钮,进入"安装信息摘要"界面,单击"软件选择"按钮,进入"软件选择"界面,由于需要安装桌面版 Linux,因此在"基本环境"选项中选择"GNOME 桌面",单击"完成"按钮,如图 4-32 所示。

⑤ 单击"安装位置"选项,进入"安装目标位置"界面,选择设置虚拟机时分配好的 20 GB

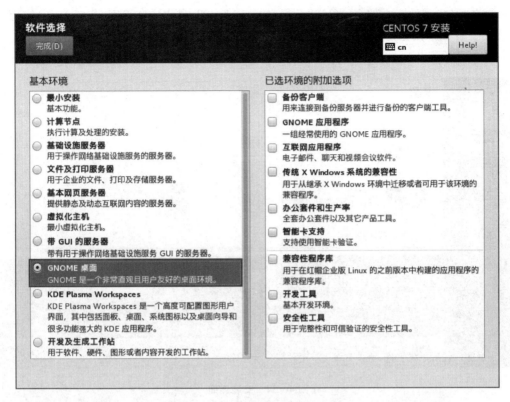

图 4-32 "桌面环境选择"界面

硬盘,保持默认的"自动配置分区"选项,单击"完成"按钮,如图 4-33 所示。

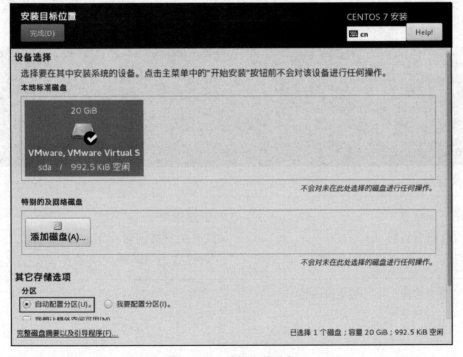

图 4-33 选择安装磁盘

⑥ 在"安装信息摘要"界面,单击"开始安装(B)"按钮,进入安装界面,如图 4-34 所示(如果"开始安装(B)"按钮为灰色,说明还有选项没有设置完成,须将带有警告符号的选项设置完成后,才能开始安装)。

图 4-34 安装界面

⑦ 在安装界面上,单击"ROOT 密码"设置 ROOT 账户密码,等待安装完成,单击"重启"按钮,重启虚拟机。

⑧ 首次启动会出现 Initial setup of CentOS Linux 7 (core)界面,这是 CentOS 内核的初始设置页面,下面给出中文解释及操作方法。

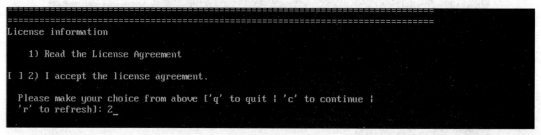

中文解释:

1)[!]许可证信息　　　　　　　　　[　]2)创建用户
　(没有接受许可证)　　　　　　　　　(没有用户被创建)
请您选择['1'输入许可证信息 | 'q'退出 | 'c'跳过 | 'r'刷新]

操作方法:输入"1",按 Enter 键。

```
=================================================================
Initial setup of CentOS Linux 7 (Core)

1) [!] License information            2) [ ] User creation
       (License not accepted)                (No user will be created)
 Please make your choice from above ['q' to quit | 'c' to continue |
 'r' to refresh]: 1_
```

中文解释:

CentOS 内核的初始设置
    1) 阅读许可协议
[ ] 2) 我接受许可协议
请从上面作出选择['q' 退出 | 'c' 跳过 | 'r' 刷新]

操作方法:输入"2",按 Enter 键。

```
=================================================================
License information

  1) Read the License Agreement
[x] 2) I accept the license agreement.

 Please make your choice from above ['q' to quit | 'c' to continue |
 'r' to refresh]: q
```

中文解释:

    1)阅读许可协议
[x] 2)我接受许可协议
    请从上面作出选择['q' 退出 | 'c' 跳过]

操作方法:输入"q",按 Enter 键。

```
=================================================================
Question

Are you sure you want to quit the configuration process?
You might end up with an unusable system if you do. Unless the License agreement
is accepted, the system will be rebooted.

Please respond 'yes' or 'no': yes
```

中文解释:

问题
你确定要退出配置过程?
如果确定,你可能会得到一个不稳定的系统。除非许可协议被接受,系统将重启。
请回复'yes'或'no'

操作方法：输入"yes"，按 Enter 键。

经过以上操作（顺序输入 1-2-q-yes）即可进入操作系统。

⑨ 在"欢迎"界面，单击"前进"按钮，进入"输入"设置界面，继续单击"前进"按钮，进入"时区"界面，在查找框中输入"shanghai"，选择"上海，上海，中国"。

⑩ 在"时区设置"界面单击"前进"按钮，进入"关于您"界面，输入全名后单击"前进"按钮，按照提示输入密码（也可以不输入密码），单击"前进"按钮，最后进入"登录"界面，如图 4-35 所示。

图 4-35 "登录"界面

⑪ 单击用户名后即可进入 CentOS 操作系统。至此，CentOS 虚拟机的安装完成。

为了便于后期在安装 Hadoop 时对所需的安装包、数据文件等资料进行统一存放和管理，约定在系统根目录下新建一个 export 目录，再在 export 目录下分别新建 software、data、servers 目录，分别将安装包文件存放在/export/software/目录中，将数据文件存放在/export/data/目录中，将应用安装到/export/servers/目录中，具体如下：

/export/software/　存放安装包

/export/data/　存放数据文件

/export/servers/　应用安装目录

3. 虚拟机克隆

到目前为止，已经成功安装好一台 Linux 的虚拟机，要搭建 Hadoop 集群，还需要按照规划要求安装两台 Linux 虚拟机，因此需要将已经安装好的 Linux 虚拟机进行克隆。VMware Workstation Pro 虚拟机软件提供了两种克隆虚拟机的方式，分别为"完整克隆"和"链接克隆"。"完整克隆"是完全独立于原始虚拟机的一个拷贝，它不与原始虚拟机共享任何资源，可以脱离原始虚拟机独立使用。"链接克隆"需要和原始虚拟机共享同一虚拟磁盘文件，不能脱离原始虚拟机独立运行。但采用共享磁盘文件却大大缩短了创建克隆虚拟机的时间，同时还节省了宝贵的物理磁盘空间。

在此，以使用完整克隆方式为例，将剩下的两台虚拟机安装好：

① 先将 master 虚拟机关机，在选中 master 虚拟机的情况下，选择"虚拟机"菜单（或者右

击 master 虚拟机),在弹出的菜单中找到"管理"选项,在"管理"选项列表下选择"克隆"命令,进入"克隆虚拟机向导"界面,如图 4-36 所示。

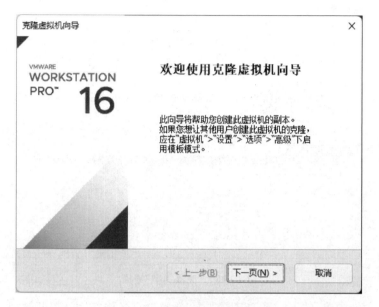

图 4-36 "克隆虚拟机向导"界面

② 在图 4-36 中单击"下一页"按钮,进入"克隆源"界面,选择默认的"虚拟机中的当前状态(C)"选项,如图 4-37 所示。

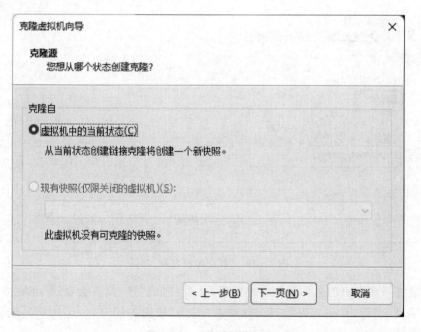

图 4-37 "克隆源"界面

③ 在图 4-37 中单击"下一页"按钮,进入"克隆类型"界面,由于使用的是"完整克隆",因此这里选择"创建完整克隆(F)"选项,如图 4-38 所示。

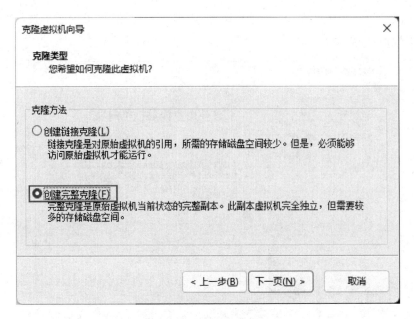

图 4-38 "克隆类型"界面

④ 在图 4-38 中单击"下一页"按钮,进入"新虚拟机名称"界面,按照规划,将虚拟机名称设置为"slave01",并选择好新虚拟机存放的位置,如图 4-39 所示。

图 4-39 "新虚拟机名称"界面

⑤ 设置好新虚拟机的名称和存放位置后,单击"完成"按钮,将会显示"正在克隆"的进度条,稍等一会儿,将弹出"完成克隆"窗口,单击"关闭"按钮关闭窗口,至此就完成了新虚拟机 slave01 的克隆。

⑥ 按照步骤①~⑤,通过克隆的方式完成第 3 台虚拟机的安装。按照规划,第 3 台虚拟机的名称应设置为"slave02"。

4.1.4 配置 Linux 系统网络

在搭建 Hadoop 集群时,集群中的所有节点之间需要网络通信,因此还需要对前面安装的 3 台虚拟机进行网络配置。

1. 设置主机名

在一个局域网中,每台机器都有一个主机名,为了方便主机与主机之间区分,可以为每台机器设置主机名,以便于以容易记忆的方法来相互访问。比如在局域网中可以根据每台机器的功能为其命名。

开启需要设置主机名的 master 虚拟机,输入 root 账号的用户名(root)和密码登录 Linux 系统,打开/etc/hostname,将原来的主机名删除,按照前期的规划将新的主机名修改为 master,单击保存,并退出。也可以使用命令来修改主机名,命令如下:

```
vi /etc/hostname
```

修改后的效果如图 4-40 所示。

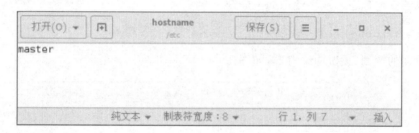

图 4-40 设置主机名

按照规划要求,还需要分别将虚拟机 slave01 和 slave02 的主机名修改为 slave01 和 slave02,修改方法和前面的步骤一样。

2. 设置 IP 映射

设置 IP 映射是为了让局域网内有关联的虚拟机能够使用主机名来进行访问,避免了使用难以记住的 IP 地址来访问的麻烦。做了 IP 映射后,在设置配置文件时也可以直接使用主机名来代替 IP 地址。

按照前期规划的要求,打开/etc/hosts,在文档最后添加 3 台虚拟机的 IP 地址与主机名的映射,单击"保存"按钮并退出。也可以使用命令来设置 IP 映射,命令如下:

```
vi /etc/hosts
```

修改后的效果如图 4-41 所示。

由于集群中 3 台虚拟机之间需要相互访问,因此 slave01 与 slave02 的 IP 映射设置与 master 的 IP 映射一致。

3. 设置网络参数

搭建 Hadoop 集群需要集群内所有的主机相互之间能够连网,前面只是设置了主机名和 IP 映射,想要连网还必须进行网络参数的设置。

图 4-41　设置 IP 映射

由于 slave01 与 slave02 两台虚拟机是由 master 虚拟机克隆过来的,因此会发生克隆主机和原主机网卡 UUID 重复的问题,这样会对网络通信产生影响,因此要保证每台主机的 UUID 独一无二,即需要为新克隆的 slave01 与 slave02 两台虚拟机的网卡绑定新的 UUID,具体做法如下:

① 分别在 slave01 与 slave02 中打开终端,输入命令"uuidgen",生成新的 UUID 号;

② 分别在 3 台虚拟机上打开/etc/sysconfig/network-scripts/ ifcfg-eno * 文件(其中 * 号为随机生成的一串数字),或者使用如下命令:

vi /etc/sysconfig/network-scripts/ ifcfg-eno *

按照前期的规划,设置网络参数,如图 4-42 所示。

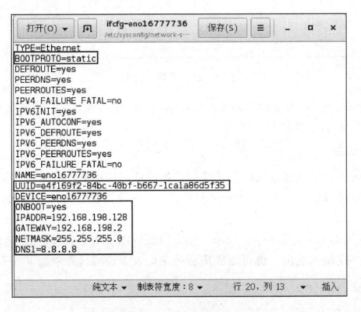

图 4-42　设置网络参数

在进行网络配置时,经常需要对上述文件中的以下几个参数进行设置:

● BOOTPROTO=static:表示设置网卡获得 IP 地址的方式,可能的选项为 static、dhcp 或 bootp。static 对应静态指定 IP 地址,就是通常所说的固定 IP;dhcp 指通过局域网中的 DHCP 服务器获得 IP 地址,也就是通常所说的动态 IP。

● ONBOOT=yes:表示系统启动时使用这块网卡。

● IPADDR:表示本机的 IP 地址,这里设置的 IP 地址需要与前期规划好的 IP 地址以及前面设置好的 IP 映射中对应的 IP 地址一致才行。
- GATEWAY：表示本机的网关。在虚拟机中，一般情况下都是将 IP 地址的最后一位改成 2。
- NETMASK：表示本机的子网掩码，一般都是 255.255.255.0。
- DNS1：表示网络域名解析服务器地址，这里采用 Google 提供的免费 DNS 服务器地址 8.8.8.8（或根据实际情况设置成实体机对应的 DNS 服务器地址）。

在本案例中，master 虚拟机的 UUID 不用修改，slave01 与 slave02 两台虚拟机的 UUID 使用新生成的 UUID 号进行替换；IPADDR 使用前期规划好的各个节点的网络 IP 地址，其余参数不变。

4. 检验网络的连通性

完成上面的步骤后，重新启动虚拟机使配置生效，单击桌面右上角的"电源"按钮，单击"重启"按钮，或者使用 reboot 命令完成重新启动。

系统重启完成后，可以使用 ifconfig 命令查看网络配置，如图 4-43 所示。

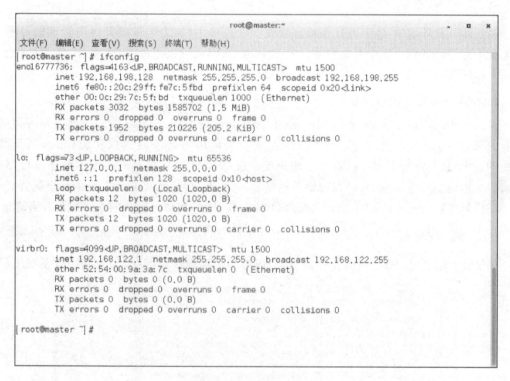

图 4-43　查看 IP 设置

从图 4-43 能够看到，master 虚拟机的 IP 地址已经设置成 192.168.198.128。接下来可以使用 ping 命令检查是否正常连接互联网，以 ping www.baidu.com 为例，ping 命令执行的结果如图 4-44 所示。

从图 4-44 可以看到，虚拟机能够正常地接收反馈的数据，并且延迟时间正常，说明虚拟机的互联网连接正常。其余虚拟机也可以使用上述方法进行检测。

至此，所有虚拟机的网络配置完成。

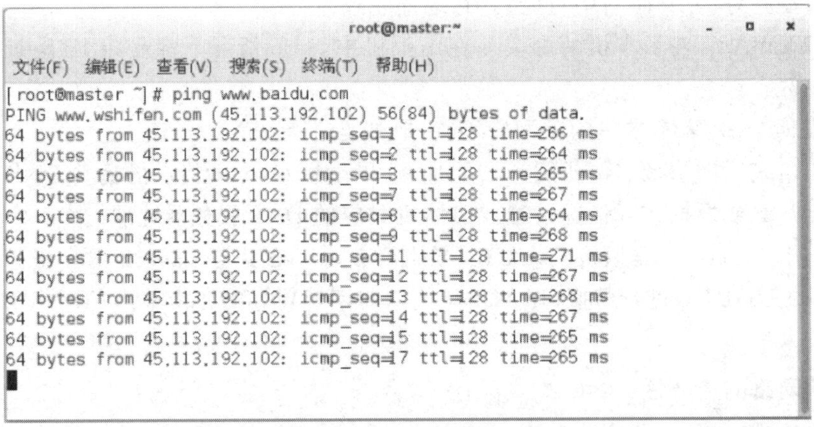
root@master:~
文件(F) 编辑(E) 查看(V) 搜索(S) 终端(T) 帮助(H)
```
[root@master ~]# ping www.baidu.com
PING www.wshifen.com (45.113.192.102) 56(84) bytes of data.
64 bytes from 45.113.192.102: icmp_seq=1 ttl=128 time=266 ms
64 bytes from 45.113.192.102: icmp_seq=2 ttl=128 time=264 ms
64 bytes from 45.113.192.102: icmp_seq=3 ttl=128 time=265 ms
64 bytes from 45.113.192.102: icmp_seq=7 ttl=128 time=267 ms
64 bytes from 45.113.192.102: icmp_seq=8 ttl=128 time=264 ms
64 bytes from 45.113.192.102: icmp_seq=9 ttl=128 time=268 ms
64 bytes from 45.113.192.102: icmp_seq=11 ttl=128 time=271 ms
64 bytes from 45.113.192.102: icmp_seq=12 ttl=128 time=267 ms
64 bytes from 45.113.192.102: icmp_seq=13 ttl=128 time=268 ms
64 bytes from 45.113.192.102: icmp_seq=14 ttl=128 time=267 ms
64 bytes from 45.113.192.102: icmp_seq=15 ttl=128 time=265 ms
64 bytes from 45.113.192.102: icmp_seq=17 ttl=128 time=265 ms
```

图 4-44　互联网连接验证

4.1.5　SSH 服务设置

在实际开发环境中，服务器往往被放置在专业机房中，加之地域或者机房管理的要求，开发人员不可能经常到机房中对集群进行管理和维护，因此可以设置 SSH 服务，使用远程登录工具来操作服务器。

1. SSH 远程登录功能设置

Secure Shell(SSH)是由 IETF(Internet Engineering Task Force) 制定的建立在应用层基础上的安全网络协议。它专为远程登录会话(甚至可以用 Windows 远程登录 Linux 服务器进行文件互传)和其他网络服务提供安全性协议。通过 SSH 可以把所有传输的数据进行加密，传输的数据也是经过压缩的，可以加快传输速度。目前已经成为 Linux 系统的标准配置。

SSH 服务器端随着 CentOS 的启动而启动，输入以下命令可以查看 SSH 服务端的开启情况：

```
systemctl status sshd.service
```

如图 4-45 所示，SSH 服务正在运行，可以进行远程连接访问(如果看到所装系统中没有

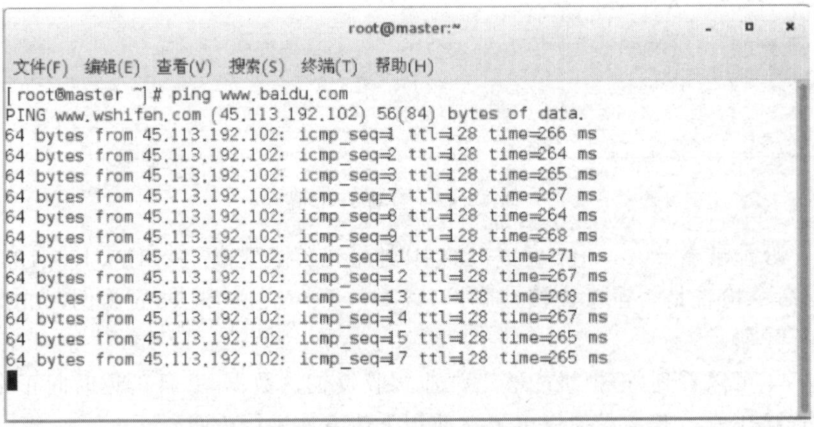
root@master:~
文件(F) 编辑(E) 查看(V) 搜索(S) 终端(T) 帮助(H)
```
[root@master ~]# ping www.baidu.com
PING www.wshifen.com (45.113.192.102) 56(84) bytes of data.
64 bytes from 45.113.192.102: icmp_seq=1 ttl=128 time=266 ms
64 bytes from 45.113.192.102: icmp_seq=2 ttl=128 time=264 ms
64 bytes from 45.113.192.102: icmp_seq=3 ttl=128 time=265 ms
64 bytes from 45.113.192.102: icmp_seq=7 ttl=128 time=267 ms
64 bytes from 45.113.192.102: icmp_seq=8 ttl=128 time=264 ms
64 bytes from 45.113.192.102: icmp_seq=9 ttl=128 time=268 ms
64 bytes from 45.113.192.102: icmp_seq=11 ttl=128 time=271 ms
64 bytes from 45.113.192.102: icmp_seq=12 ttl=128 time=267 ms
64 bytes from 45.113.192.102: icmp_seq=13 ttl=128 time=268 ms
64 bytes from 45.113.192.102: icmp_seq=14 ttl=128 time=267 ms
64 bytes from 45.113.192.102: icmp_seq=15 ttl=128 time=265 ms
64 bytes from 45.113.192.102: icmp_seq=17 ttl=128 time=265 ms
```

图 4-45　查看 SSH 服务是否安装和启动

安装 SSH 服务，可以使用命令"yuminstall-yopensslopenssh-server"来进行安装）。

在虚拟机上安装和启动好 SSH 服务后，就可以使用远程连接软件来访问虚拟机服务器。本教材介绍一款在实际开发环境中经常使用到的 Xshell 工具来演示远程登录服务器的操作。

Xshell 是由 NetSarang 公司开发的一款商用软件，需要购买才能使用，但是该公司也提供了免费的家用/学生版，免费版本的下载地址是：https://www.netsarang.com/en/free-for-home-school/。

在安装过程中，按照提示，单击"下一步"按钮就能顺利安装完成，安装好之后启动 Xshell，会弹出会话窗口。因为是第一次运行，这里没有保存过的会话，所以要新建一个会话窗口，如图 4-46 所示。

图 4-46 Xshell 启动界面

在"新建会话属性"界面输入会话名称，协议选项使用默认的 SSH 协议，将需要连接的目标虚拟机服务器 IP 地址输入到"主机"选项，端口号使用默认的"22"，如图 4-47 所示。

单击"确定"按钮，保存新建的会话，然后选中新建的会话，单击"连接"按钮进行连接，如图 4-48 所示。

单击"连接"按钮后，会出现"SSH 安全警告"界面，如图 4-49 所示。

单击"接受并保存"按钮，将目标主机的密钥保存在本地，方便下次连接时使用。之后分别出现"SSH 用户名"和"SSH 用户身份验证"对话框，注意在填写用户名和密码时勾选"记住用户名"和"记住密码"选项，下次远程连接就不用再次输入用户名和密码了，如图 4-50 和图 4-51 所示。

完成后可以看到连接到主机的 Xshell 界面，并提示登录成功，如图 4-52 所示。

连接成功之后，就可以像在本机终端中一样，通过 Xshell 工具操作虚拟机服务器了。

2. SSH 免密登录设置

在实际工作环境中，需要频繁地对远程服务器进行 SSH 登录、远程复制文件、在一台服务器上给另外一台服务器发送 SSH 指令等操作，每次操作都要输入对应服务器的用户名和密码就非常麻烦，为了更加安全和方便，需要建立一种信任机制，就是让特定的机器、特定的用户可以不用输入密码就可以登录、远程复制、执行 SSH 命令。这种信任机制可以通过配置 SSH 免密码登录实现。

图 4-47 "新建会话属性"界面

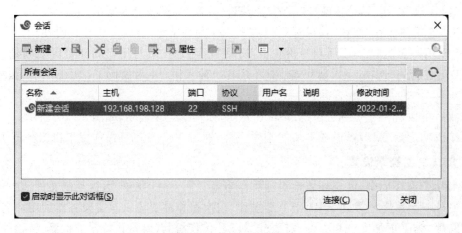

图 4-48 "会话"界面

第4章 Hadoop集群的搭建

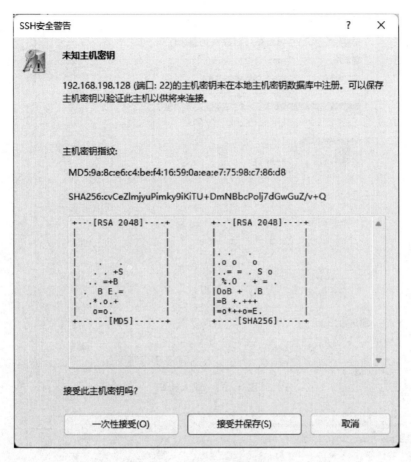

图4-49 "SSH安全警告"界面

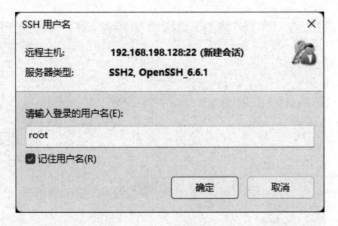

图4-50 输入用户名

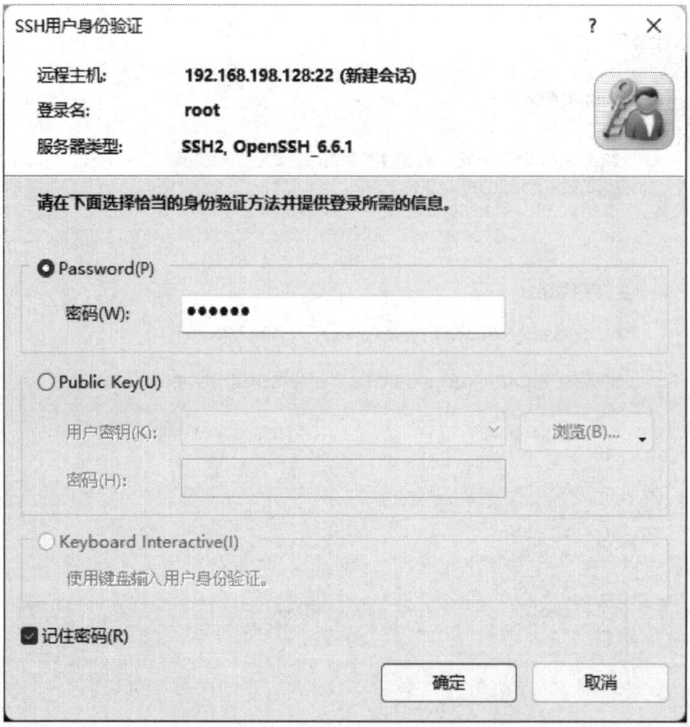

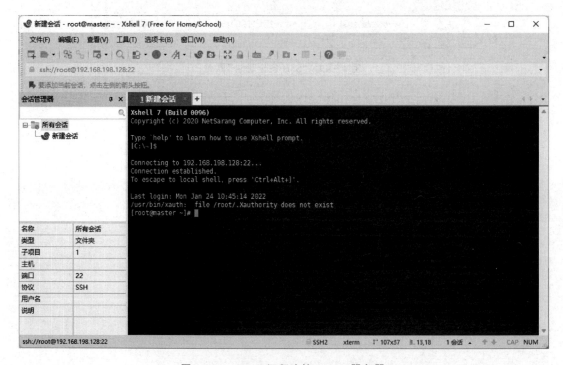

图 4-51 输入密码

图 4-52 Xshell 远程连接 master 服务器

① 在前期规划的 Hadoop 集群主节点 master 服务器上输入命令"ssh-keygen -t rsa",根据提示,直接连续单击四次"回车"键,就会在当前 master 服务器上生成一对密钥,该密钥保存在/root/.ssh/隐藏目录下,如图 4-53 所示。

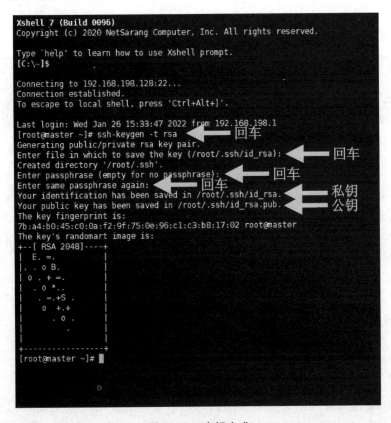

图 4-53 密钥生成

② 在生成密钥文件的虚拟机 master 服务器上执行命令"ssh-copy-id 服务器主机名/(或者是服务器 IP 地址)",可以将 master 服务器的公钥复制给需要免密登录的相关服务器(如果需要将密钥复制给其他服务器,只须更换服务器主机名或者服务器 IP 地址即可),如图 4-54 所示。

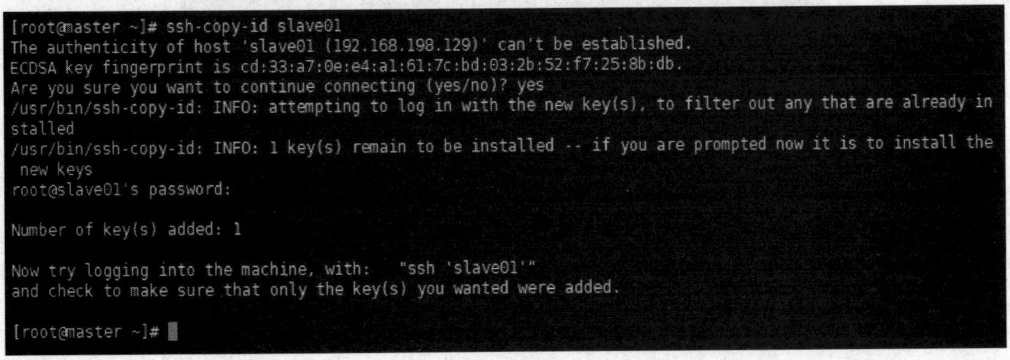

图 4-54 将密钥复制给 slave01

在复制过程中,系统会提示"Are you sure you want to continue connecting(yes/no)?",直接输入"yes",在随后的提示"root@slave01's password:"中,输入slave01服务器的root账号密码即可完成复制。

③ 在master服务器上输入命令"ssh slave01",登录slave01服务器,期间不用输入密码即设置免密登录成功,如图4-55所示。

```
[root@master ~]# ssh slave01
Last failed login: Wed Jan 26 13:45:41 CST 2022 from :0 on :0
There were 2 failed login attempts since the last successful login.
Last login: Mon Jan 24 10:45:49 2022
[root@slave01 ~]#
```

图4-55 免密登录验证

需要说明的是,上述操作只是演示了在主机名为master的服务器上生成密钥文件,并将公钥复制给slave01服务器,这样的操作只能实现由master到slave01的单向免密登录,由于集群搭建的需要,还需要按照上述步骤将master服务器的公钥复制给slave02,实现master到slave02的单向免密登录。如所有服务器之间都免密登录,还需要分别将slave01的公钥复制给master与slave02,将slave02的公钥复制给master与slave01,以达到3台服务器之间都能够免密登录。

4.2 Hadoop集群搭建

4.2.1 JDK安装

由于Hadoop是采用Java语言开发的,Hadoop集群的使用依赖Java环境,因此在部署Hadoop集群之前,需要安装并配置好JDK。下面以master服务器为例,演示如何安装和配置JDK。

(1) 查看系统默认Java环境

由于CentOS自带Java环境,因此需要先删除原来的Java环境,再进行安装。使用命令"java -version"查看本机自带JDK,如图4-56所示。

```
[root@slave01 ~]# java -version
openjdk version "1.8.0_65"
OpenJDK Runtime Environment (build 1.8.0_65-b17)
OpenJDK 64-Bit Server VM (build 25.65-b01, mixed mode)
[root@slave01 ~]#
```

图4-56 CentOS自带Java环境

从上图可以看出,CentOS 7.2自带的Java环境为OpenJDK,如须安装JDK,需要将OpenJDK删除后再进行安装。

输入以下命令可以查看CentOS 7.2自带的OpenJDK包含的Java源有哪些,如图4-57所示。

```
rpm - qa | grep java
```

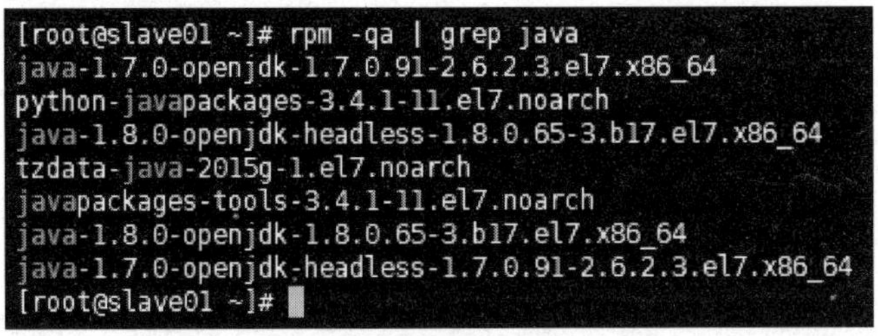

```
[root@slave01 ~]# rpm -qa | grep java
java-1.7.0-openjdk-1.7.0.91-2.6.2.3.el7.x86_64
python-javapackages-3.4.1-11.el7.noarch
java-1.8.0-openjdk-headless-1.8.0.65-3.b17.el7.x86_64
tzdata-java-2015g-1.el7.noarch
javapackages-tools-3.4.1-11.el7.noarch
java-1.8.0-openjdk-1.8.0.65-3.b17.el7.x86_64
java-1.7.0-openjdk-headless-1.7.0.91-2.6.2.3.el7.x86_64
[root@slave01 ~]#
```

图 4-57 查看系统自带的 Java 源

使用命令"rpm -e --nodeps 源名称"依次删除系统自带的 Java 源，如图 4-58 所示。

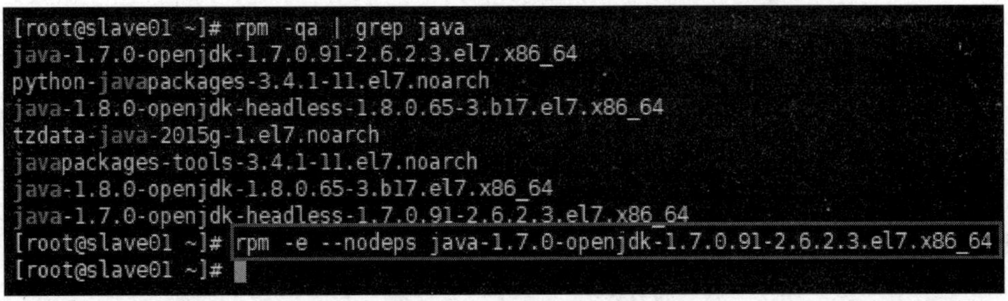

```
[root@slave01 ~]# rpm -qa | grep java
java-1.7.0-openjdk-1.7.0.91-2.6.2.3.el7.x86_64
python-javapackages-3.4.1-11.el7.noarch
java-1.8.0-openjdk-headless-1.8.0.65-3.b17.el7.x86_64
tzdata-java-2015g-1.el7.noarch
javapackages-tools-3.4.1-11.el7.noarch
java-1.8.0-openjdk-1.8.0.65-3.b17.el7.x86_64
java-1.7.0-openjdk-headless-1.7.0.91-2.6.2.3.el7.x86_64
[root@slave01 ~]# rpm -e --nodeps java-1.7.0-openjdk-1.7.0.91-2.6.2.3.el7.x86_64
[root@slave01 ~]#
```

图 4-58 删除系统自带的 Java 源

注意：对于其他两台服务器 slave01 与 slave02，也需要通过上面的步骤删除系统自带的 Java 源。

（2）下载 JDK

用浏览器打开 https://www.oracle.com/java/technologies/javase/javase8-archive-downloads.html，下载 Linux 系统使用的 JDK 安装包（本教材使用的是 jdk-8u161-linux-x64.tar.gz 安装包）。

（3）安装 JDK

使用 Xftp 软件可将下载好的 jdk-8u161-linux-x64.tar.gz 安装包上传到虚拟机 master 服务器中。Xftp 与 Xshell 一样，都是由 NetSarang 公司开发的，下载和安装方法与之前介绍的 Xshell 一致，此处不再赘述。

安装好 Xftp 后，新建一个会话（操作方法与 Xshell 类似），按照实际情况填写好相应参数，如图 4-59 所示。

之后，选择新建的会话，单击"连接"按钮，连接到 master 服务器，如图 4-60 所示。

从图 4-60 可以看到，左侧为 Windows 操作系统的目录，右侧为连接的 master 服务器目录，可以通过直接拖拽或者复制、粘贴的方式将下载好的 JDK 安装包上传到 master 服务器的/export/software 目录（前期规划好用于存放安装包的目录）中。

提示：如果右侧 master 服务器的目录有乱码，可以将 Xftp 软件中工具栏上的"编码"选项设置为"Unicode(UTF-8)"。

接下来，进入到 master 服务器的/export/software 目录中，将安装包解压到/export/servers 目录（前期规划好用于安装软件的目录）中，具体命令如下：

```
tar -zxvf jdk-8u161-linux-x64.tar.gz -C /export/servers/
```

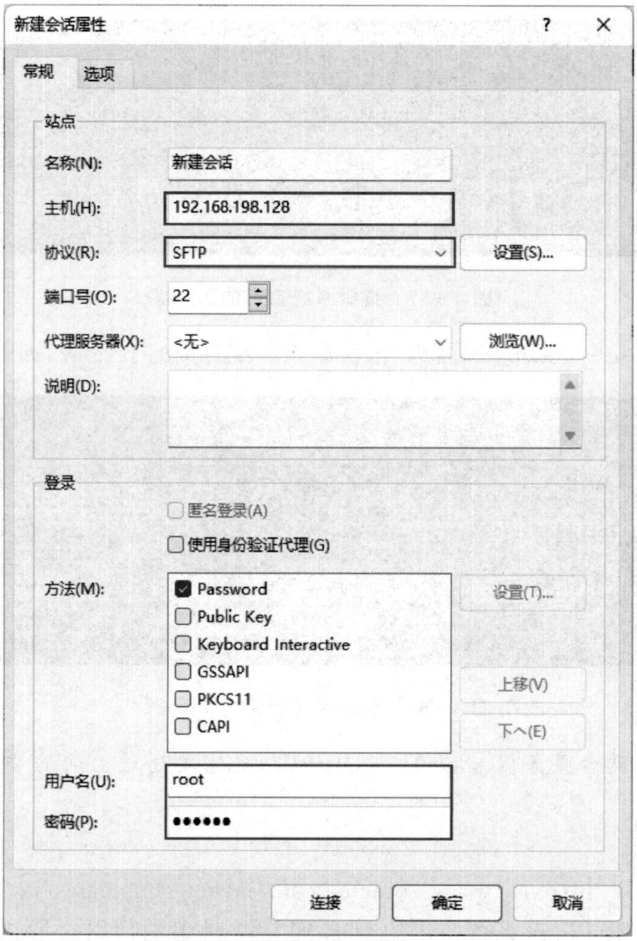

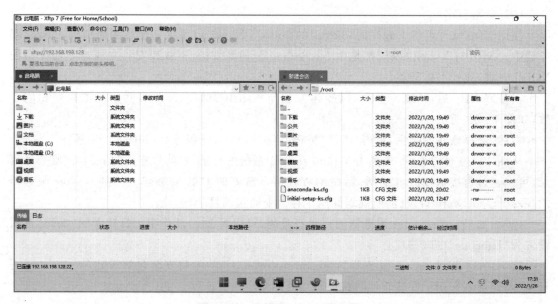

图 4-59 新建 Xftp 会话

图 4-60 连接到 master 服务器

解压完成后,进入/export/servers/目录,可以看到生成了 jdk1.8.0_161 目录,即安装 JDK 的目录,为了方便后期在进行参数设置时能够简单一点,可以将 JDK 目录的名称修改得短小一点,可以修改为 jdk,具体修改命令如下:

```
mv jdk1.8.0_161 /jdk
```

(4) 配置 JDK 环境变量

解压完成后,还需要配置 JDK 环境变量才能使 Java 环境生效。可以打开/etc/profile 文件(也可以使用命令"vi /etc/profile",通过终端对 profile 文件进行编辑),将 JDK 环境变量配置参数添加到文件的最后面,具体参数如下:

```
#配置JDK系统环境变量
export JAVA_HOME = /export/servers/jdk
export PATH = $PATH:$JAVA_HOME/bin
export CLASSPATH = .:$JAVA_HOME/lib/dt.jar:$JAVA_HOME/lib/tools.jar
```

添加完以后,需要保存并退出文件。注意:JAVA_HOME 的路径为解压 JDK 所在的路径。最后,为了使修改后的配置文件生效,还需要使用如下命令:

```
source /etc/profile
```

(5) 检查配置结果

修改的配置生效之后,为了验证 JDK 是否安装成功并正常使用,可以使用如下命令进行检验:

```
java - version
```

执行完上面的命令之后,如果出现图 4-61 所示的界面,就说明 JDK 的安装和配置已经完成。

```
[root@master servers]# java -version
java version "1.8.0_161"
Java(TM) SE Runtime Environment (build 1.8.0_161-b12)
Java HotSpot(TM) 64-Bit Server VM (build 25.161-b12, mixed mode)
[root@master servers]#
```

图 4-61 JDK 环境验证

4.2.2 Hadoop 安装

Hadoop 是 Apache 基金会面向全球用户开源的一款产品,所有用户都可以从 Apache Hadoop 官网下载、安装和使用,具体网址为:https://archive.apache.org/dist/hadoop/common/。本教材以 Hadoop2.7.4 版本为例,进行 Hadoop 的安装、配置和使用。

(1) 安装 Hadoop

首先将下载好的 hadoop-2.7.4.tar.gz 安装包上传到虚拟机 master 服务器/export/software 目录中。然后,进入到 master 服务器的/export/software 目录,将安装包解压到/export/servers 目录中,具体命令如下:

```
tar - zxvf hadoop - 2.7.4.tar.gz - C /export/servers/
```

解压完成后,进入/export/servers/目录,可以看见生成了 hadoop-2.7.4 目录,该目录就是安装 Hadoop 的目录。

(2) 配置 Hadoop 环境变量

解压完成后,还需要配置 Hadoop 环境变量才能正常使用 Hadoop。可以打开/etc/profile 文件(也可以使用命令"vi /etc/profile"通过终端对 profile 文件进行编辑),将 Hadoop 环境变量配置参数添加到文件的最后面,具体参数如下:

```
#配置 Hadoop 系统环境变量
export HADOOP_HOME = /export/servers/hadoop - 2.7.4
export PATH = $ PATH: $ HADOOP_HOME/bin: $ HADOOP_HOME/sbin
```

添加完以后,需要保存并退出文件。注意:JAVA_HOME 的路径为解压 JDK 所在的路径。最后,为了使修改后的配置文件生效,还需要使用如下命令:

```
source /etc/profile
```

(3) 检查配置结果

修改后的配置生效之后,为了验证 Hadoop 是否安装成功并正常使用,可以使用如下命令进行检验:

```
hadoop version
```

执行完上面的命令之后,如果出现 4 - 62 所示的界面,就说明 Hadoop 的安装和配置已经完成。

```
[root@master servers]# hadoop version
Hadoop 2.7.4
Subversion https://shv@git-wip-us.apache.org/repos/asf/hadoop.git -r cd915e1e8d9d0131462a0b7301586c175728a2
82
Compiled by kshvachk on 2017-08-01T00:29Z
Compiled with protoc 2.5.0
From source with checksum 50b0468318b4ce9bd24dc467b7ce1148
This command was run using /export/servers/hadoop-2.7.4/share/hadoop/common/hadoop-common-2.7.4.jar
[root@master servers]#
```

图 4 - 62 Hadoop 验证

(4) Hadoop 相关目录介绍

安装好 Hadoop 之后,可以看到 Hadoop 安装目录包括 bin、sbin、etc、include、lib、libexec、share 和 src 共 8 个目录,下面简单介绍每个目录的内容及功能。

- bin 目录:Hadoop 最基本的管理脚本和使用脚本的目录,这些脚本是 sbin 目录下管理脚本的基础实现,用户可以直接使用这些脚本管理和使用 Hadoop。
- sbin 目录:Hadoop 管理脚本所在的目录,主要包含 HDFS 和 Yarn 中各类服务的启动/关闭脚本。
- etc 目录:Hadoop 配置文件所在的目录,包括 core-site. xml、hdfs-site. xml、mapred-site. xml 等从 Hadoop1.0 继承而来的配置文件和 yarn-site. xml 等 Hadoop2.0 新增的配置文件。
- include 目录:对外提供的编程库头文件(具体动态库和静态库在 lib 目录中),这些头文件均采用 C++定义,通常用于 C++程序访问 HDFS 或者编写 MapReduce 程序。

- lib 目录：该目录包含了 Hadoop 对外提供的编程动态库和静态库，与 include 目录中的头文件结合使用。
- libexec 目录：各个服务对应的 Shell 配置文件所在的目录，可用于配置日志输出、启动参数（比如 JVM 参数）等基本信息。
- share 目录：Hadoop 各个模块编译后的 jar 包所在的目录。
- src 目录：为 Hadoop 源码包所在的目录。

4.2.3 Hadoop 集群配置

为了搭建 Hadoop 集群，使得 Hadoop 在多台服务器能够正常运行，需要对 Hadoop 目录下的相关配置文件进行修改，在修改过程中，需要注意输入的准确性，注意大小写，不能含有空格、中文的标点符号等，以保证参数的正常。

Hadoop 提供了两种配置文件模式：系统默认配置文件和管理员自定义配置文件，这些配置文件均为 XML 格式。其中，系统默认配置文件分别为 core-default.xml、hdfs-default.xml、mapred-default.xml 和 yarn-default.xml，它们包含了所有可配置属性的默认值。而管理员自定义配置文件分别为 core-site.xml、hdfs-site.xml、mapred-site.xml 和 yarn-site.xml 等，它们由管理员设置，主要用于定义一些新的配置属性或者覆盖系统默认配置文件中的默认值。通常这些配置一旦确定，便不能被修改（如果想修改，须重新启动 Hadoop）。需要注意的是，core-default.xml 和 core-site.xml 属于公共基础库的配置文件，在默认情况下，Hadoop 总会优先加载它们。

在 Hadoop 中，每个配置属性主要包括 3 个配置参数：name、value 和 description，分别表示属性名、属性值和属性描述。其中，属性描述仅仅用来帮助用户理解属性的含义，Hadoop 内部并不会使用它的值。

表 4-1 列出了配置 Hadoop 集群所需要设置的文件及功能。

表 4-1 Hadoop 主要配置文件及功能

配置文件的名称	作 用
core-site.xml	核心配置文件，主要定义了文件访问格式 hdfs://
hadoop-env.sh	主要配置 Java 环境路径
hdfs-site.xml	主要定义 HDFS 的相关配置
mapred-site.xml	主要定义与 MapReduce 相关的一些配置
yarn-site.xml	配置 resourcemanager 资源调度
slaves	控制从节点的位置，以及 slave01、slave02 所在服务器地址

1. 配置主节点 master 服务器

以下所有需要修改的文件都在 Hadoop 安装目录/export/servers/hadoop-2.7.4/etc/hadoop 中。

（1）修改 core-site.xml 文件

core-site.xml 文件是 Hadoop 的核心配置文件，主要配置 Hadoop 所使用文件系统 HDFS 所在服务器地址、端口号以及临时数据存放的位置等。

在文件所在目录打开 core-site.xml,或者使用命令"vi core-site.xml"将如下配置添加到配置文件中:

```xml
<configuration>
    <!-- 指定 Hadoop 所使用的文件系统的 URI,及主节点 NameNode 的地址 -->
    <property>
        <name>fs.defaultFS</name>
        <value>hdfs://master:9000</value>
    </property>
    <!-- Hadoop 运行时产生临时文件的存储目录,默认 -->
    <property>
        <name>hadoop.tmp.dir</name>
        <value>/export/servers/hadoop-2.7.4/tmp</value>
    </property>
</configuration>
```

(2) 修改 hadoop-env.sh 文件

hadoop-env.sh 文件主要配置 JDK 环境变量所在的路径,保障 Hadoop 在 Java 环境中运行。

在文件所在目录打开 hadoop-env.sh,或者使用命令"vi hadoop-env.sh"打开文件,找到 JAVA_HOME 参数所在位置,将参数修改为下面的值:

```
export JAVA_HOME==/export/servers/jdk
```

(3) 修改 hdfs-site.xml 文件

hdfs-site.xml 文件主要配置 NameNode 与 SecondayNameNode 所在服务器的地址、NameNode 与 DataNode 数据的存放路径、设置文件的副本数以及设置文件存储的 block 块大小等。

在文件所在目录打开 hdfs-site.xml,或者使用命令"vi hdfs-site.xml"将如下配置添加到配置文件中:

```xml
<configuration>
    <!-- 指定 HDFS 副本的数量,不修改默认为 3 个 -->
    <property>
        <name>dfs.replication</name>
        <value>3</value>
    </property>
    <!-- dfs 的 SecondaryNameNode 所在服务器地址及端口号 -->
    <property>
        <name>dfs.namenode.secondary.http-address</name>
        <value>slave01:50090</value>
    </property>
</configuration>
```

(4) 修改 mapred-site.xml 文件

mapred-site.xml 文件是 MapReduce 的核心配置文件,用于指定 MapReduce 运行时所使用的框架。这里需要注意的是,Hadoop 安装目录中默认没有 mapred-site.xml 文件,但是可以通过复制模板文件 mapred-site.xml.template 再进行重命名后得到 mapred-site.xml 文件。可以使用命令"cp mapred-site.xml.template mapred-site.xml"完成上述操作。完成上述操作后，打开 mapred-site.xml，或者使用命令"vi mapred-site.xml"将如下配置添加到配置文件中：

```xml
<configuration>
<!-- 指定 MapReduce 运行的框架,这里指定在 yarn 上,默认是 local -->
<property>
    <name>mapreduce.framework.name</name>
    <value>yarn</value>
</property>
</configuration>
```

（5）修改 yarn-site.xml 文件

yarn-site.xml 文件是 Yarn 框架的核心配置文件，用于指定管理 Yarn 集群的服务器，以及 NodeManager 上运行的附属服务，需要配置成 mapreduce_shuffle 才可以运行 MapReduce 默认程序。

在文件所在目录打开 yarn-site.xml，或者使用命令"vi yarn-site.xml"将如下配置添加到配置文件中：

```xml
<configuration>
<!-- 指定管理 Yarn 集群的服务器 -->
<property>
    <name>yarn.resourcemanager.hostname</name>
    <value>master</value>
</property>
<property>
    <name>yarn.nodemanager.aux-services</name>
    <value>mapreduce_shuffle</value>
</property>
</configuration>
```

（6）修改 slaves 文件

slaves 文件保存了 Hadoop 集群所有节点（包括 NameNode、HDFS 的 DataNode 以及 Yarn 的 NodeManager 所在服务器）的主机名，主要配合 Hadoop 集群一键启动脚本的使用（如果需要使用一键启动 Hadoop 集群，还需要进行前面介绍过的 SSH 免密登录的设置）。

在文件所在目录打开 slaves，或者使用命令"vi slaves"将原来的配置（默认为 localhost）删除后，按照前期的规划添加如下配置：

```
master
slave01
slave02
```

2. 将主节点的配置文件分发到其他从节点上

安装并配置完主节点 master 服务器上的 Hadoop 后，还需要将安装好的 JDK、Hadoop 及系统环境变量等目录及文件复制到其他从节点 slave01 与 slave02 上，可以使用 scp 命令来完成，具体命令如下：

① 将系统环境变量文件复制到 slave01 与 slave02 上：

```
scp /etc/profile slave01:/etc/profile
scp /etc/profile slave02:/etc/profile
```

② 将安装好的 JDK 目录与 Hadoop 目录复制给 slave01 与 slave02，这里将 master 服务器上的 export 目录直接复制过去：

```
scp -r /export/ slave01:/
scp -r /export/ slave02:/
```

③ 复制完成后，还需要分别在 slave01 与 slave02 上执行 "source /etc/profile" 命令，让 slave01 与 slave02 新的系统环境变量生效。

至此，Hadoop 集群所有的服务器都有了 Hadoop 运行所需的环境和配置文件，集群的安装、配置完成。

4.3 Hadoop 集群启动

4.3.1 文件系统格式化

前面已经将 Hadoop 集群搭建好，并完成了相应的配置，接下来就需要启动 Hadoop 集群。在首次启动 Hadoop 集群时，需要对主节点服务器（这里就是 master 服务器）进行格式化操作，具体命令如下：

```
hdfs namenode -format
```

在执行完上述命令之后，出现 success formatted（成功格式化）信息，说明文件系统格式化成功，如图 4-63 所示。

需要指出的是，文件系统格式化只有在新建集群后、在集群启动之前执行一次，因为 NameNode 保存的是 HDFS 的所有元信息，如果丢失了，即使文件还存放在磁盘上，整个集群中 DataNode 的数据也无法访问。

4.3.2 启动和关闭 Hadoop 集群

如果要启动 Hadoop 集群，首先需要启动 HDFS 集群和 Yarn 集群这两个集群框架。Hadoop 集群的启动和关闭方法有两种：一种是单个节点的启动和关闭，另一种是一键启动和关闭。

1. 单节点启动和关闭

单节点启动 Hadoop 集群的方式需要按照下面的命令来依次启动相关服务：

① 在主节点（master 节点）上使用如下命令启动 HDFS NameNode 进程：

```
hadoop-daemon.sh start namenode
```

② 在每个从节点（master、slave01、slave02 节点）上使用如下命令启动 HDFS DataNode 进程：

```
22/01/29 11:58:43 INFO util.GSet: capacity        = 2^20 = 1048576 entries
22/01/29 11:58:43 INFO namenode.FSDirectory: ACLs enabled? false
22/01/29 11:58:43 INFO namenode.FSDirectory: XAttrs enabled? true
22/01/29 11:58:43 INFO namenode.FSDirectory: Maximum size of an xattr: 16384
22/01/29 11:58:43 INFO namenode.NameNode: Caching file names occuring more than 10 times
22/01/29 11:58:43 INFO util.GSet: Computing capacity for map cachedBlocks
22/01/29 11:58:43 INFO util.GSet: VM type       = 64-bit
22/01/29 11:58:43 INFO util.GSet: 0.25% max memory 889 MB = 2.2 MB
22/01/29 11:58:43 INFO util.GSet: capacity        = 2^18 = 262144 entries
22/01/29 11:58:43 INFO namenode.FSNamesystem: dfs.namenode.safemode.threshold-pct = 0.9990000128746033
22/01/29 11:58:43 INFO namenode.FSNamesystem: dfs.namenode.safemode.min.datanodes = 0
22/01/29 11:58:43 INFO namenode.FSNamesystem: dfs.namenode.safemode.extension     = 30000
22/01/29 11:58:43 INFO metrics.TopMetrics: NNTop conf: dfs.namenode.top.window.num.buckets = 10
22/01/29 11:58:43 INFO metrics.TopMetrics: NNTop conf: dfs.namenode.top.num.users = 10
22/01/29 11:58:43 INFO metrics.TopMetrics: NNTop conf: dfs.namenode.top.windows.minutes = 1,5,25
22/01/29 11:58:43 INFO namenode.FSNamesystem: Retry cache on namenode is enabled
22/01/29 11:58:43 INFO namenode.FSNamesystem: Retry cache will use 0.03 of total heap and retry cache entry expiry time is 600000 millis
22/01/29 11:58:43 INFO util.GSet: Computing capacity for map NameNodeRetryCache
22/01/29 11:58:43 INFO util.GSet: VM type       = 64-bit
22/01/29 11:58:43 INFO util.GSet: 0.029999999329447746% max memory 889 MB = 273.1 KB
22/01/29 11:58:43 INFO util.GSet: capacity        = 2^15 = 32768 entries
22/01/29 11:58:43 INFO namenode.FSImage: Allocated new BlockPoolId: BP-217856154-192.168.198.128-1643428723160
22/01/29 11:58:43 INFO common.Storage: Storage directory /export/servers/hadoop-2.7.4/tmp/dfs/name has been successfully formatted.
22/01/29 11:58:43 INFO namenode.FSImageFormatProtobuf: Saving image file /export/servers/hadoop-2.7.4/tmp/dfs/name/current/fsimage.ckpt_0000000000000000000 using no compression
22/01/29 11:58:43 INFO namenode.FSImageFormatProtobuf: Image file /export/servers/hadoop-2.7.4/tmp/dfs/name/current/fsimage.ckpt_0000000000000000000 of size 321 bytes saved in 0 seconds.
22/01/29 11:58:43 INFO namenode.NNStorageRetentionManager: Going to retain 1 images with txid >= 0
22/01/29 11:58:43 INFO util.ExitUtil: Exiting with status 0
22/01/29 11:58:43 INFO namenode.NameNode: SHUTDOWN_MSG:
/************************************************************
SHUTDOWN_MSG: Shutting down NameNode at master/192.168.198.128
************************************************************/
[root@master ~]#
```

图 4-63 格式化成功

```
hadoop-daemon.sh start datanode
```

③ 在主节点(master 节点)上使用如下命令启动 Yarn ResourceManager 进程：

```
yarn-daemon.sh start resourcemanager
```

④ 在每个从节点(master、slave01、slave02 节点)上使用如下命令启动 Yarn NodeManager 进程：

```
yarn-daemon.sh start nodemanager
```

⑤ 在 slave02 节点(规划 slave02 节点为 Secondary NameNode 服务器)上使用如下命令启动 Secondary NameNode 进程：

```
hadoop-daemon.sh start secondarynamenode
```

如果想要停止相应的进程，只需要将对应命令中的"start"替换为"stop"。

2. 一键启动和关闭

Hadoop 集群还可以使用脚本进行一键启动 Hadoop 集群，在进行一键启动之前，还需要设置各个节点的免密登录(在 4.1.5 小节介绍过)以及完成 Hadoop 集群配置中 slaves 文件的设置(在 4.2.3 小节介绍过)。

使用脚本一键启动 Hadoop 集群，可以在主节点(master 节点)上执行如下命令依次启动

HDFS 进程和 Yarn 进程：

① 一键启动 HDFS 进程：

```
start-dfs.sh
```

② 一键启动 Yarn 进程：

```
start-yarn.sh
```

如果想要一键停止相应的进程，只需要将对应命令中的"start"替换为"stop"即可（即 stop-dfs.sh 命令和 stop-yarn.sh 命令）。

无论用哪种方式启动完成后，在各个节点上都会出现相应服务的进程，可以在各个节点上使用"jap"命令来查看该节点运行的服务进程，具体效果如图 4-64、图 4-65、图 4-66 所示。

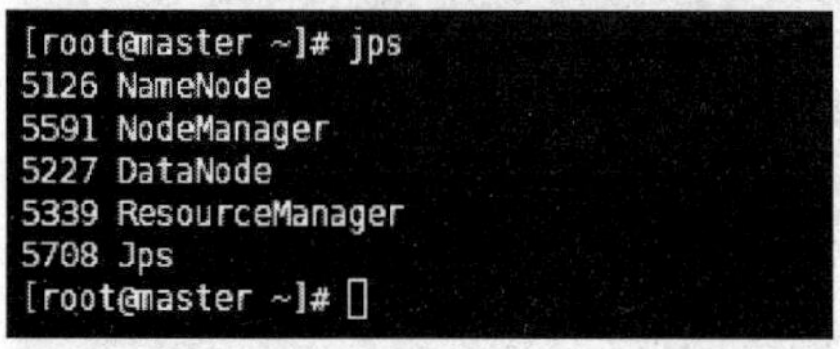

图 4-64　主节点（master 节点）开启的服务进程

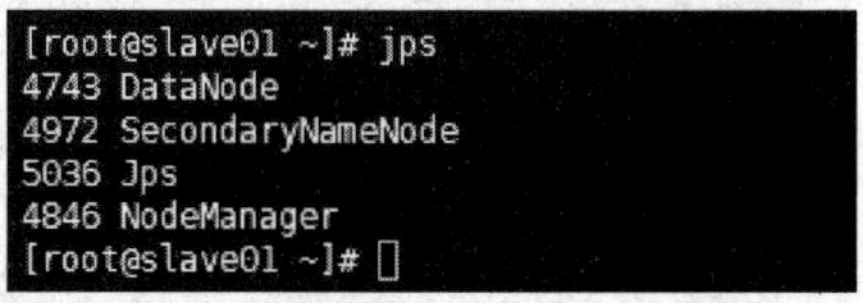

图 4-65　从节点（slave01 节点）开启的服务进程

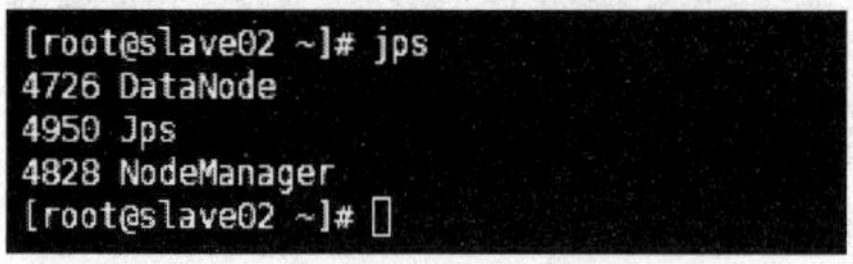

图 4-66　从节点（slave02 节点）开启的服务进程

可以看出，主节点（master 节点）开启了 NameNode、NodeManager、DataNode 和 ResourceManager 四个服务进程；从节点（slave01 节点）开启了 DataNode、SecondaryNameNode 和 NodeManager 三个服务进程；从节点（slave02 节点）开启了 DataNode 和 NodeManager 两个服务进程。这与前期规划的各个节点所需服务进程一致，说明 Hadoop 集群启动正常。

这里需要说明的是，每个节点的每个进程在启动时都会在该节点上的 Hadoop 安装目录中的 logs 目录（/export/servers/hadoop-2.7.4/logs）中生成相应的日志文件，如图 4-67 所示。如果某个节点的某个进程没有正常启动，可以通过查看启动日志来找到无法正常启动的原因。

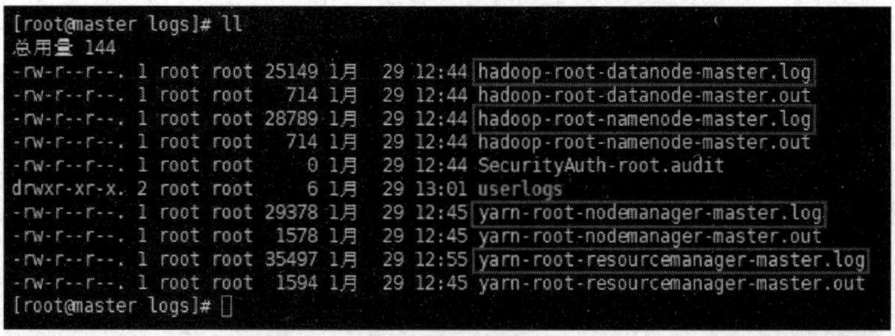

图 4-67　启动进程时生成的日志文件

4.3.3　查看 Hadoop 集群运行状态

Hadoop 集群开启成功后会默认打开两个端口 50070 和 8088，如果需要查看集群的运行状态,可以通过 UI 查看和管理 HDFS 集群和 Yarn 集群。

在实体机上,将 3 台服务器的 IP 地址和主机名做好 IP 映射后,可以通过在浏览器中输入主机名+端口号的方式来查看 Hadoop 集群的运行状况。添加 IP 映射需要修改实体机的 hosts 文件(注意修改之前需要设置该文件相应的权限),该文件在 Win11 操作系统中的路径为 C:\Windows\System32\drivers\etc。打开 hosts 文件后,在文件最后添加如下配置即可:

```
192.168.198.128 master
192.168.198.129 slave01
192.168.198.130 slave02
```

在查看之前,还需要关闭所有节点的防火墙,可以使用如下命令关闭防火墙:

```
systemctl stop firewalld.service
```

除此之外,还需要禁止防火墙开机启动,可以使用如下命令:

```
systemctl disable firewalld.service
```

在设置好实体机的 IP 映射和关闭了各个节点的防火墙和禁止防火墙开机启动后,就可以通过实体机的浏览器(使用地址 http://master:50070 和 http://master:8088(地址中的主机名 master 也可以替换成 master 节点的 IP 地址)来查看 HDFS 集群和 Yarn 集群的运行状态,具体状态如图 4-68 和图 4-69 所示。

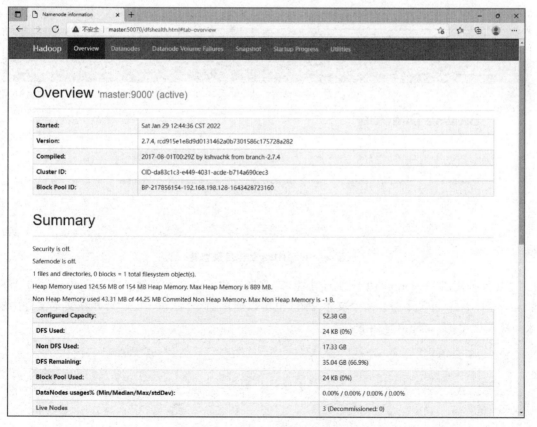

图 4-68　HDFS 的 UI 界面

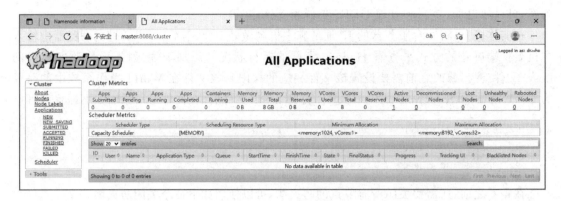

图 4-69　Yarn 的 UI 界面

4.4　Hadoop 集群使用

前面已经完成了 Hadoop 集群的搭建，也正常开启了 Hadoop 集群，下面通过 Hadoop 单词统计功能来演示 Hadoop 集群的简单应用。

① 首先通过 UI 界面查看 HDFS 文件系统里面是否有文件，在 HDFS 的 UI 界面最上方的菜单栏中，单击"Utilities"菜单，再单击"Browse the file system"选项，可以看到"Browse Directory"为空，如图 4-70 所示。

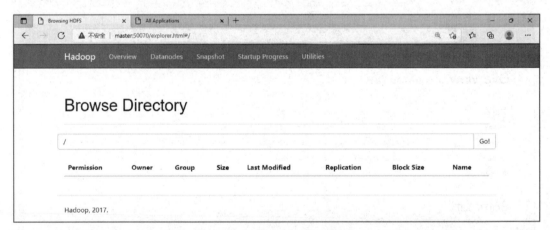

图 4-70　HDFS 文件目录查看

② 为了使用 Hadoop 的单词统计功能，需要先新建一个文本文件。在主节点 master 节点的/export/data/目录中新建一个文本文件（也可以使用命令"vi test.txt"），并在文本文件中输入一些英文单词，文件内容如下：

```
hello world
hello hadoop
hadoop hdfs
hadoop yarn
```

接下来需要在 Hadoop 的 HDFS 系统中创建一个存放数据文件的目录，并将 master 节点

data 目录中的 test.txt 文件上传到该目录下,具体命令如下：

```
#HDFS 系统中创建目录
hadoop fs - mkdir - p /wordcount/input
#上传 test.txt 文件到上面新建的目录中
hadoop fs - put /export/data/test.txt /wordcount/input
```

上面的命令是 HDFS Shell 相关命令,将在后面的章节中进行讲解。

执行完上面的命令后,打开 HDFS 的 UI 界面,刷新之后,可以看到/wordcout/input 目录已经创建成功,并且 test.txt 文件也上传到该目录中,如图 4-71 所示。

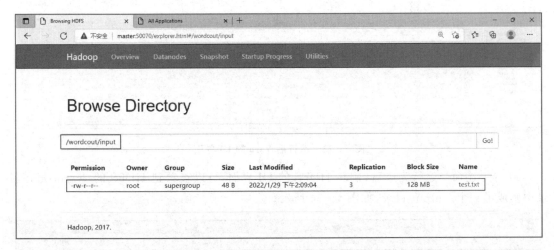

图 4-71　创建目录并上传文件结果

③ 进入 Hadoop 的示例包 hadoop-mapreduce-examples-2.7.4.jar 所在的目录/export/servers/hadoop-2.7.4/share/hadoop/mapreduce,找到 hadoop-mapreduce-examples-2.7.4.jar 包,具体位置如图 4-72 所示。

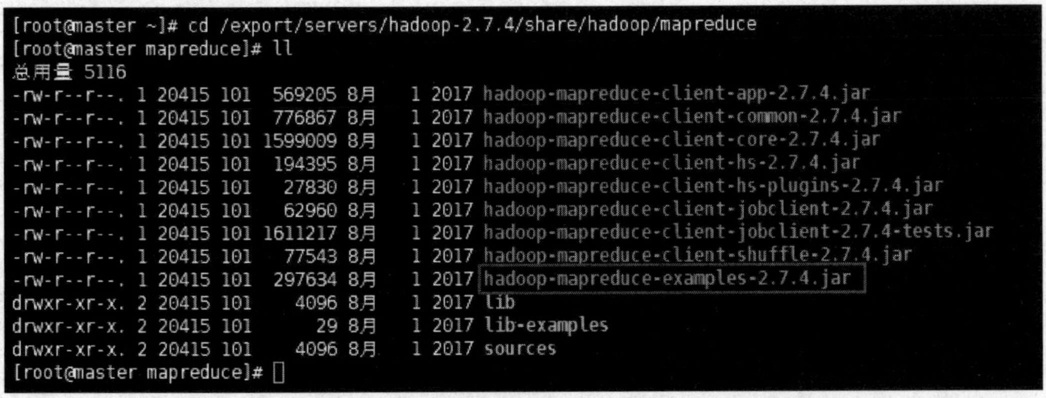

图 4-72　hadoop-mapreduce-examples-2.7.4.jar 包所在目录

在该 jar 包所在目录执行如下命令完成单词统计：

```
hadoop jar hadoop - mapreduce - examples - 2.7.4.jar wordcount /wordcount/input /wordcount/output
```

其中,"hadoop jar hadoop-mapreduce-examples-2.7.4.jar"表示运行一个 Hadoop 的 jar 包程序;"wordcount"表示需要执行 hadoop-mapreduce-examples-2.7.4.jar 包中的 wordcount (单词统计)功能;"/wordcount/input"表示需要进行单词统计的源文件所存放的路径;"/wordcount/output"表示经过单词统计后的输出文件所存放的路径。

运行上述命令时,可以通过 Yarn 的 UI 界面查看 Yarn 运行状况,如图 4-73 所示。

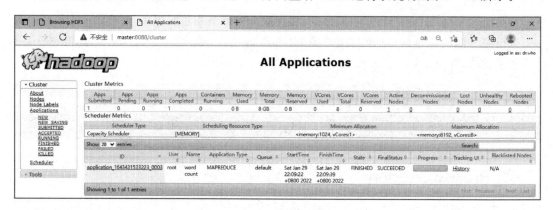

图 4-73 运行后 Yarn 的 UI 界面

④ 等上述命令运行完成后,刷新 HDFS 的 UI 界面,可以查看到 HDFS 的/wordcount 目录中生成了一个/output 目录,如图 4-74 所示。

图 4-74 HDFS 生成的 output 目录

继续单击页面中的 output 目录,可以看到生成了"_SUCCESS"和"part-r-00000"两个文件,其中"_SUCCESS"文件为此次任务成功完成的标识,"part-r-00000"文件为结果输出文件,如图 4-75 所示。

继续单击结果输出文件"part-r-00000",将结果下载到本地,使用文本编辑器软件(Windows 系统自带的记事本软件、写字板和 EditPlus 等软件)可以将该文件打开,打开后可以查看对 test.txt 文件中单词出现数量进行统计的结果,如图 4-76 所示。

本示例演示了对于文本文件里面的单词进行统计的实际效果,在实际的大数据应用开发过程中,开发者按照功能需求编写能够实现所需功能的 MapReduce 程序包,并把这些

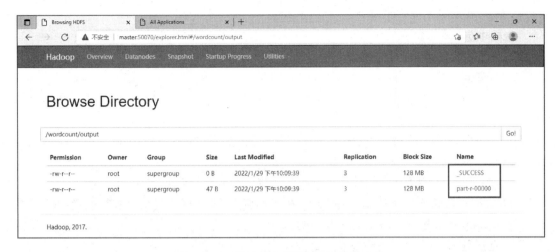

图 4-75　任务完成标识及结果输出文件

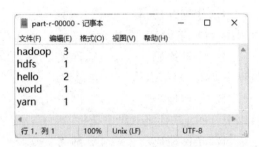

图 4-76　MapReduce 单词统计输出结果

MapReduce 程序包打包上传到 Hadoop 集群服务器中,然后执行该程序包。关于 Hadoop 系统的工作原理及如何编写 MapReduce 程序包,将在后面章节进行详细的讲解。

4.5　本章小结

本章主要讲解了 Hadoop 集群的搭建。首先在实体机的 Windows 操作系统中安装虚拟机软件 VMware Workstation,其次在实体机上虚拟出 3 台 Linux 服务器作为搭建集群的服务器,接着通过网络设置、SSH 配置等操作完成服务器的搭建,然后在搭建好的服务器中安装好 JDK 及 Hadoop,并对 Hadoop 进行相关的设置,最后通过一个示例展示了 Hadoop 集群的基本功能,对于本章的内容,务必详细了解搭建思路并积极参与实践,在修改配置文件时务必认真仔细。

4.6　课后练习

一、填空题

1. Hadoop 集群的部署模式分别是_____、_____、_____。
2. 远程登录 Linux 服务器需要使用的命令是_____。
3. 设置环境变量需要修改的文件名是_____。

4. 格式化 HDFS 集群的命令是_____。

5. 关闭防火墙的命令是_____。

6. 一键关闭 Hadoop 集群的命令是_____。

二、判断题

1. 由于 Hadoop 是采用 Java 语言开发的,因此在搭建 Hadoop 集群时,需要安装 JDK 环境变量。(   )

2. 若想将网卡 IP 地址设置成静态 IP 地址,需要将 BOOTPROTO 属性设置为 static。(   )

3. 若想进行双向免密登录,需要双方服务器将公钥复制给对方才行。(   )

4. Hadoop 集群设置只需要在主节点上进行配置,不需要再从节点上进行配置。(   )

5. Hadoop 集群运行状态是无法查看的。(   )

三、选择题

1. 在网卡参数设置过程中,IPADDR 是什么意思?(   )
   A. IP 地址　　　　B. 子网掩码　　　　C. 网关　　　　D. 域名服务器

2. 在网卡参数设置过程中,GATEWAY 是什么意思?(   )
   A. IP 地址　　　　B. 子网掩码　　　　C. 网关　　　　D. 域名服务器

3. 在网卡参数设置过程中,NETMASK 是什么意思?(   )
   A. IP 地址　　　　B. 子网掩码　　　　C. 网关　　　　D. 域名服务器

4. 在网卡参数设置过程中,DNS 是什么意思?(   )
   A. IP 地址　　　　B. 子网掩码　　　　C. 网关　　　　D. 域名服务器

5. 配置 Hadoop 集群时,需要对下面哪个文件进行修改?(   )
   A. core-site.xml　　B. hosts　　C. profile　　D. part-r-00000

四、简答题

1. 简述设置免密登录的步骤。

2. 简述 Hadoop 集群搭建的步骤。

第 5 章 HDFS 分布式文件系统

☞ **学习目标：**
- 理解 HDFS 发展过程；
- 掌握 HDFS 基本概念；
- 掌握 HDFS 的架构和原理；
- 掌握 HDFS 的 Java API 和 Shell 操作。

HDFS 是 Hadoop 中的核心组件，主要用于解决海量数据文件存储的问题，是目前应用最广泛的分布式文件系统。本章重点介绍 HDFS 分布式文件系统的基本概念，以及如何使用 Java API 和 Shell 操作 HDFS 分布式文件系统。

5.1 HDFS 简介

Hadoop 分布式文件系统（Hadoop Distributed File System，HDFS）类似于 Windows、Linux 文件系统，只不过 Hadoop 文件系统的存储容量、存储性能及组织架构与 Windows、Linux 系统截然不同，可以说 Hadoop 文件系统是一个打破传统思维方式的文件系统。

5.1.1 HDFS 演变

HDFS 源于 Google 在 2003 年 10 月份发表的 GFS（Google File System）论文。传统的文件系统对海量数据的处理方式是将数据文件直接存储在一台服务器上，当遇到存储瓶颈问题时，就需要扩容。若文件过大，则上传和下载都非常耗时。解决这一问题主要有两种方法：扩大内存和文件切块。

扩大内存的方法主要分为两种形式：纵向扩容和横向扩容。通过增加磁盘和内存实现纵向扩容，通过增加服务器数量实现横向扩容。通过扩大规模达到分布式存储，这种存储形式就是分布式文件存储的雏形。

解决了分布式文件系统的存储瓶颈问题后，还需要解决文件上传与下载的效率问题，常规的解决办案是将一个大的文件切分成多个数据块，将数据块以并行方式进行存储。下面以 30 GB 文本文件为例，将其切分成 3 块，每块大小为 10 GB（实际中每个数据块都很小，只有 100 MB 左右），将其存储在文件系统中。分布式文件系统雏形如图 5-1 所示。

图 5-1 分布式文件系统雏形

从图 5-1 可以看出,原来一台服务器需要存储 30 GB 的文件,此时每台服务器只需要存储 10 GB 的数据块就完成了工作,从而解决上传下载效率低的问题。但是文件通过数据块分别存储在服务器集群中,那么如何获取一个完整的文件呢?针对这个问题,可以增加一台服务器专门用来记录文件被切割后的数据块信息以及数据块的存储位置信息,如图 5-2 所示。

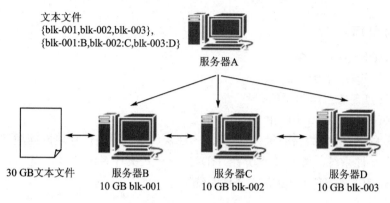

图 5-2　HDFS 雏形

从图 5-2 可以看出,文件存储系统中增加了一台服务器 A 用于管理其他服务器,服务器 A 记录着文件被切分成多少个数据块,这些数据块分别存储在哪台服务器中,当客户端访问服务器 A 请求下载数据文件时,就能够通过类似查找目录的方式查找数据。

虽然上面的方法解决了对海量数据高效上传下载的问题,但是仍然存在一个非常关键的问题需要处理,如果存储数据块的服务器中突然有一台机器宕机,那么就无法正常获取文件,称为单点故障。针对此问题,采用备份机制解决。HDFS 示意图如图 5-3 所示。

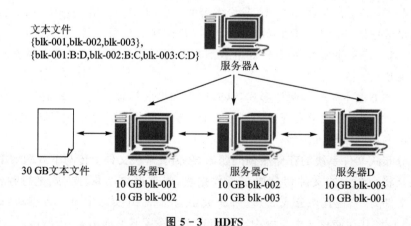

图 5-3　HDFS

从图 5-3 可以看出,每个服务器中都存储两个数据块,进行备份。服务器 B 存储 blk-001 和 blk-002,服务器 C 存储 blk-002 和 blk-003,服务器 D 存储 blk-003 和 blk-001。当服务器 B 突然宕机,我们还可以通过服务器 C 和服务器 D 查询完整的数据块供客户端访问下载,这就形成了简单的 HDFS。

这里服务器 A 被称为 NameNode,维护文件系统内所有文件和目录的相关信息,服务器 B、C、D 被称为 DataNode,它们才是存储真正数据的数据块。

5.1.2 HDFS 的基本概念

HDFS 是一个易于扩展的分布式文件系统，运行在成百上千的低成本机器上。它与现有的分布式文件系统有很多相似之处，都是用来存储数据的系统工具，而区别在于 HDFS 具有高度容错能力，主要部署在低成本机器上。HDFS 提供对应用程序数据的高吞吐量访问，主要用于对海量文件信息进行存储和管理，即解决大数据文件（如 TB 甚至 PB 级）的存储问题。

(1) 名称节点(NameNode)

NameNode 是 HDFS 集群的主服务器，通常称为名称节点或者主节点。一旦 NameNode 关闭，则无法访问 Hadoop 集群。NameNode 主要以元数据形式进行管理和存储，用于维护文件系统名称并管理客户端对文件的访问；NameNode 记录对文件系统名称空间或其属性的任何更改操作；HDFS 负责整个数据集群的管理，并且在配置文件中设置备份数量，这些信息都由 NameNode 存储。

(2) 数据节点(DataNode)

DataNode 是 HDFS 集群中的从服务器，通常称为数据节点。文件系统存储文件的方式是将文件切分成多个数据块，这些数据块实际上是存储在 DataNode 节点中的，因此 DataNode 机器需要配置大量磁盘空间。它与 NameNode 保持通信，DataNode 在客户端或者 NameNode 调度下，存储并检索数据块，对数据块进行创建、删除等操作，并且定期向 NameNode 发送所存储的数据块列表，每当 DataNode 启动时，它将负责把持有的数据块列表发送到 NameNode 机器中。

(3) 数据块(Block)

数据块(Block)是 HDFS 上存储数据的基本单位。任何一个文件系统都有数据块的概念，只要是文件系统，就会涉及文件数据的存储问题，需要相应的数据结构，那么数据块就是该文件系统上存储数据的基本单位。

在 Hadoop2.0 版本中，数据块大小默认为 128 MB，且备份为 3 份，每个块尽可能地存储于不同的 DataNode 中。按块存储的优点主要是可以屏蔽文件的大小，将一个大文件分成 N 个数据块存储到各个磁盘，简化存储系统的设计，为了数据安全，必须进行备份，而数据块非常适合备份。当某一个块丢失了，可以块为单位找回，而不用涉及文件的整体。数据块提供数据的容错能力和可用性。

(4) 元数据(Metadata)

元数据用于描述和组织具体的文件内容，说明文件是什么、文件被切分成多少块、每个块和文件之间如何映射以及每个数据块被存储在服务器的位置。元数据可以分为 3 种信息形式：一是维护 HDFS 中文件和目录信息，如文件名、目录名、父目录信息、文件大小、创建时间、修改时间等；二是记录文件内容，存储相关信息，如文件分块情况、副本个数、每个副本所在的 DataNode 信息等；三是用来记录 HDFS 中所有 DataNode 的信息，用于 DataNode 的管理。

(5) 机架(Rack)

机架用来存放部署 Hadoop 集群服务器，不同机架之间的节点通过交换机通信。HDFS 通过机架感知策略使 NameNode 能够确定每个 DataNode 所属的机架 ID，使用副本存放策略来改进数据的可靠性、可用性和网络带宽的利用率。

5.1.3 HDFS 的特点

随着数据量的不断增大，文件存储系统的要求不断提高，需要更大的容量，更好的性能以及安全性更高的文件存储系统，与传统分布式文件系统一样，HDFS 也是通过计算机网络与节点相连，但也有传统分布式文件系统的优势和局限性。

优势包括：

（1）可以处理超大文件

HDFS 可以处理超大文件，通过将超大文件切分成多个小的数据块，存储管理 GB、TB、PB 级别的超大文件。

（2）流式数据访问

HDFS 的流式数据访问模式的工作原理是一次写入、多次读取。一次写入，指一个超大文件是一次性写入 HDFS，并且写完之后就不允许再对其进行修改。假如要对已经写入 HDFS 的文件进行修改，就需要将文件从 HDFS 中下载到本地文件系统，进行修改后再一次性写入 HDFS。

（3）高容错

HDFS 可以由成百上千个服务器组成，每个服务器存储文件系统数据的一部分。HDFS 中的副本机制会自动为数据保存多个副本，DataNode 节点周期性地向 NameNode 发送心跳信号，当网络发生异常时，可能导致 DataNode 与 NameNode 失去通信，NameNode 与 DataNode 通过心跳检测机制发现 DataNode 宕机，DataNode 中副本丢失，HDFS 则会从其他 DataNode 上面的副本自动恢复，因此 HDFS 具有高容错性。

（4）成本低

Hadoop 的设计对硬件要求低，无须构建在昂贵的高可用性机器上。在 HDFS 设计中充分考虑到了数据的可靠性、安全性和高可用性。

局限性包括：

（1）不适合处理低延迟数据访问

HDFS 不适合处理低延迟数据访问，不支持毫秒级响应时间完成对数据的查询、新增、修改、删除等操作。

（2）无法高效存储大量小型文件

当大量的小型文件存储到 HDFS 中时，就有大量的元数据信息存储在主节点守护进程 NameNode 的内存中，导致 NameNode 压力增大，进而 NameNode 提供服务的响应时间增长，访问处理性能降低。

（3）不支持多用户写入及任意修改同一个文件

在 HDFS 中，同一个文件只对应一个用户写入，并且只能追加操作，不支持多用户对同一个文件的写操作。

5.2 HDFS 的读写

5.2.1 HDFS 存储架构

相比普通的文件系统，HDFS 较为复杂，HDFS 采用主从架构（Master/Slave 架构）。

HDFS 集群分别由一个 NameNode 和多个 DataNode 组成，HDFS 存储架构图如图 5-4 所示。

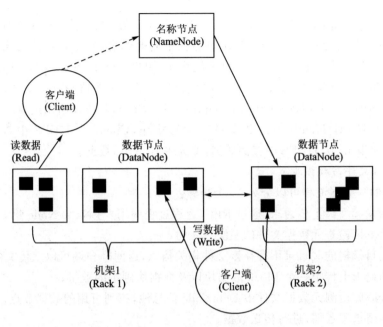

图 5-4　HDFS 存储架构图

NameNode 是 HDFS 集群的主节点，负责管理文件系统的命名空间，记录文件数据块在每个 DataNode 节点上的位置和副本信息，协调客户端（Client）对文件的访问操作，以及记录命名空间内的改动或命名空间本身属性的改动等信息。

NameNode 怎样管理分布式文件系统的命名空间？在 NameNode 内部是以元数据的形式维护着两个文件，分别是 FsImage 镜像文件和 EditLog 日志文件。其中，FsImage 镜像文件用于存储整个文件系统命名空间的信息，EditLog 日志文件用于持久化记录文件系统元数据发生的变化。当 NameNode 启动时，FsImage 镜像文件就会被加载到内存中，然后对内存中的数据执行记录的操作，以确保内存所保留的数据处于最新的状态，加快元数据的读取和更新操作。

随着集群运行时间加长，NameNode 中存储的元数据信息越来越多，导致 EditLog 日志文件越来越大。当集群重启时，NameNode 需要恢复元数据信息，首先加载上一次的 FsImage 镜像文件，然后重复 EditLog 日志文件的操作记录，如果 EditLog 日志文件很大，在合并过程中就会花费很长时间，而且如果 NameNode 宕机，则会丢失数据。针对此问题，HDFS 提供了 Secondary NameNode（辅助名称节点），它并不是要取代 NameNode，也不是 NameNode 的备份，它的职责主要是周期性地把 NameNode 中的 EditLog 日志文件合并到 FsImage 镜像文件中，从而减小 EditLog 日志文件的大小，缩短集群重启时间，并且保证 HDFS 系统的完整性。

DataNode 是数据存储节点，负责自身所在物理节点上的存储管理。客户端访问操作数据，通过向 NameNode 发起请求并获取文件数据所在 DataNode 节点的地址信息。对数据流的读/写操作在 DataNode 节点完成，NameNode 节点不会参与文件数据流的读写。DataNode 中的数据块是以文件的类型存储在磁盘中，其中包含两个文件：一个是数据本身（仅是数据），另一个是每个数据块对应的一个元数据文件(包括数据长度、块数据校验和以及时间戳)。

5.2.2 HDFS 文件读写原理

HDFS 是一个集群,由几十台、几百台、几千台甚至上万台节点组成,这些节点以机架的形式组成,而这些机架可能在同一个机房,也可能在不同的机房,甚至在不同的地域。HDFS 就是运行在这些服务器节点上的分布式文件系统程序,用户访问 HDFS,就是访问运行在这些众多节点上的分布式文件程序,通过 Client(客户端)命令请求服务器端分布式文件系统程序,这个过程被称为远程过程调用(Remote Procedure Call,RPC),其协议叫做远程过程调用协议。

Client(客户端)对 HDFS 中的数据进行读写操作,Client 从 HDFS 中查找数据,即为 Read(读)数据;Client 从 HDFS 中存储数据,即为 Write(写)数据。

(1) HDFS 文件写数据步骤

HDFS 中的写数据流程可以分为 11 个步骤:

① 客户端发起文件上传请求,通过 RPC(远程过程调用)与 NameNode 建立通信;
② NameNode 检查元数据文件的系统目录树;
③ 若系统目录树的父目录不存在该文件相关信息,返回客户端可以上传文件;
④ 客户端请求上传第一个 Block 数据块以及数据块副本的数量;
⑤ NameNode 检测元数据文件中 DataNode 信息池,找到可用的数据节点;
⑥ 客户端请求服务器,进行传送数据;
⑦ DataNode 之间建立 Pipeline 后,逐个返回建立完毕信息;
⑧ 客户端与 DataNode 建立数据传输流,开始发送数据包;
⑨ 客户端向 DataNode_01 上传第一个 Block 数据块,当 DataNode_01 收到一个 Packet 后就会传给 DataNode_02,DataNode_02 传给 DataNode_03,DataNode_01 每传送一个 Packet 都会放入一个应答队列,等待应答;
⑩ 数据被分割成一个个 Packet 数据包,在 Pipeline 上依次传输,而在 Pipeline 反方向上,将逐个发送 Ack,最终由 Pipeline 中第一个 DataNode 节点 DataNode_01 将 Pipeline 的 Ack 信息发送给客户端;
⑪ DataNode 返回给客户端,第 1 个 Block 块传输完成,客户端则会再次请求 NameNode 上传第 2 个和第 3 个 Block 块到服务器上,重复上面的步骤,直到 3 个 Block 块都上传完毕。

(2) HDFS 文件读数据步骤

流程可以分为 4 个步骤:

① 客户端向 NameNode 发起 RPC 请求,来获取请求文件 Block 数据块所在的位置;
② NameNode 检测元数据文件,视情况返回 Block 块信息或者全部 Block 块信息,对于每个 Block 块,NameNode 都会返回含有该 Block 副本的 DataNode 地址;
③ 客户端会选取排序靠前的 DataNode 来依次读取 Block 块,每一个 Block 都会进行 CheckSum,若文件不完整,则客户端会继续向 NameNode 获取下一批的 Block 列表,直到验证读取出来的文件是完整的,则 Block 读取完毕;
④ 客户端会把最终读取出来所有的 Block 块合并成一个完整的最终文件。

5.3 HDFS Shell 操作

5.3.1 HDFS 的 Shell 操作

HDFS 提供了多种数据访问方式,Shell 命令行接口是最简单的,也是许多开发者最容易掌握的方式。

早期的计算机中没有图形界面,用户和操作系统的基本交互通过 Shell 完成,即终端,也称命令行。它就像我们能够触碰到的操作系统"外壳",因此 Shell 在计算机科学中俗称"壳",是提供给使用者使用界面与系统交互的软件,通过接收用户输入的命令执行相应的操作。

调用 HDFS 文件系统的 Shell 命令示例如下:

```
hadoop fs -cmd
hadoop dfs -cmd
hdfs dfs -cmd
```

上述命令中,hadoop fs、hadoop dfs 和 hdfs dfs 都是 HDFS 最常用的 Shell 命令,用来查看 HDFS 文件系统的目录结构、上传和下载数据、创建文件等。其中,hadoop fs 使用最广,这 3 个命令既有联系又有区别:hadoop fs 适用于任何不同的文件系统,比如本地文件系统和 HDFS 文件系统;hadoop dfs 只适用于 HDFS 文件系统;hdfs dfs 与 hadoop dfs 命令的作用一样,也只适用于 HDFS 文件系统。

文件系统 Shell 包含了各种类 Shell 的命令,可以直接与 Hadoop 分布式文件系统以及其他文件系统进行交互,如与 Local FS、HTTP FS、S3 FS 文件系统交互等。通过命令行的方式进行交互,常用的操作命令如表 5-1 所列。

表 5-1 HDFS Shell 操作中常用的操作命令

选项名称	使用格式	含 义
-ls	-ls <路径>	查看指定路径的当前目录结构
-lsr	-lsr <路径>	递归查看指定路径的目录结构
-du	-du <路径>	统计目录下文件大小
-dus	-dus <路径>	汇总统计目录下文件(夹)大小
-count	-count [-q] <路径>	统计文件(夹)数量
-mv	-mv <源路径> <目的路径>	移动
-cp	-cp <源路径> <目的路径>	复制文件
-get	-get <源路径> <目的路径>	下载 HDFS 系统到本地文件上
-rm	-rm[-skipTrash] <路径>	删除文件/空白文件夹
-rmr	-rmr [-skipTrash] <路径>	递归删除
-put	-put <多个 linux 上的文件> <hdfs 路径>	上传文件
-cat	-cat <hdfs 路径>	查看文件内容

续表 5-1

选项名称	使用格式	含义
-text	-text ＜hdfs 路径＞	查看文件内容
-mkdir	-mkdir ＜hdfs 路径＞	创建空白文件夹
-touchz	-touchz ＜文件路径＞	创建空白文件
-stat	-stat [format] ＜路径＞	显示文件统计信息
-tail	-tail [-f] ＜文件＞	查看文件尾部信息
-chmod	-chmod [-R] ＜权限模式＞ [路径]	修改权限
-chown	-chown [-R] [属主][:[属组]] 路径	修改属主
-chgrp	-chgrp [-R] 属组名称 路径	修改属组
-help	-help [命令选项]	帮助

由表 5-1 可知,HDFS 支持的命令较多,上表只列举常用的部分命令,如果需要了解更多命令或操作过程中遇到的问题,可以根据"hadoop fs -help"命令获得帮助文档,也可以通过 Hadoop 官方文档 Apache Hadoop 3.3.1-Overview 学习,接下来通过常用命令熟悉 Hadoop 的 Shell 操作。

(1) mkdir 命令

mkdir 用于在指定路径下创建子目录,与 Linux 命令相同,可以创建多级目录,其语法格式如下:

hadoop fs -mkdir [-p]＜paths＞

mkdir 命令如图 5-5 所示。上述示例代码是在 HDFS 根目录下创建 test 文件夹和 user/hadoop/dir1 层级文件夹,-p 参数表示递归创建路径中的各级目录。

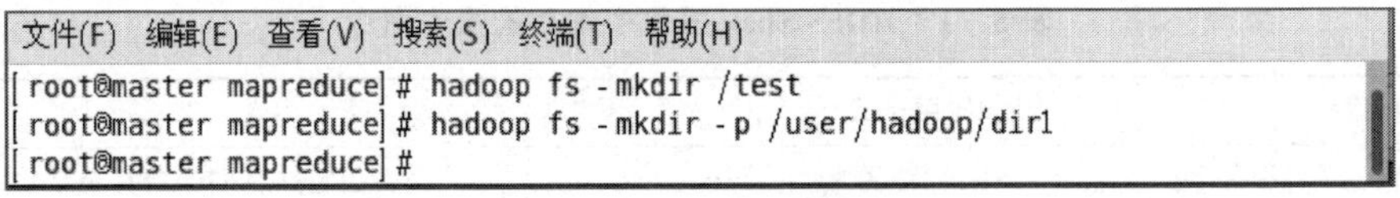

```
文件(F) 编辑(E) 查看(V) 搜索(S) 终端(T) 帮助(H)
[root@master mapreduce]# hadoop fs -mkdir /test
[root@master mapreduce]# hadoop fs -mkdir -p /user/hadoop/dir1
[root@master mapreduce]#
```

图 5-5 mkdir 命令

通过打开浏览器访问 HDFS 的 UI,查看文件夹的创建情况。效果如图 5-6 所示。

(2) put 命令

put 命令用于从本地文件系统中复制单个或多个源路径到 HDFS 上,其语法结构如下:

hadoop fs -put [-f] [-p] ＜locationsrc＞ ＜det＞

其中,-f 表示覆盖目标文件,-p 表示保留访问和修改时间、权限。

示例代码如图 5-7 所示。

通过打开浏览器访问 HDFS 的 UI,查看文件的上传情况。效果如图 5-8 所示。

(3) get 命令

get 命令用于复制文件到本地文件系统。命令如图 5-9 所示。

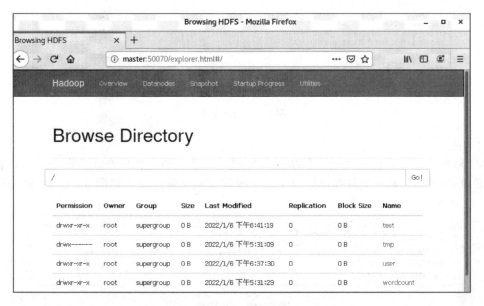

图 5-6 mkdir 命令效果

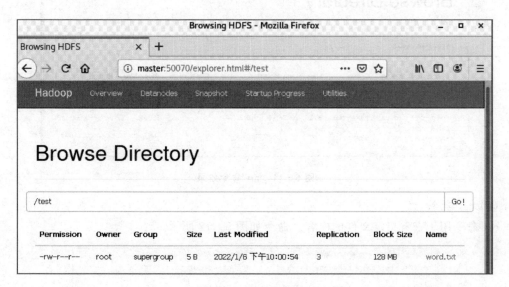

图 5-7 put 命令

图 5-8 put 命令效果

```
文件(F) 编辑(E) 查看(V) 搜索(S) 终端(T) 帮助(H)
[root@master data]# hadoop fs -get /wordcount/output/part-r-00000 /export/data/
[root@master data]# ls
part-r-00000  word2.txt  word.txt
[root@master data]# cat part-r-00000
hadoop  1
hello   3
itcast  1
itheima 1
[root@master data]#
```

图 5-9　get 命令

(4) mv 命令

mv 命令用于将文件从源路径移动到目标路径。这个命令允许有多个源路径,此时目标路径必须是一个目录,不允许在不同的文件系统间移动文件。命令如图 5-10 所示。效果如图 5-11 所示。

```
文件(F) 编辑(E) 查看(V) 搜索(S) 终端(T) 帮助(H)
[root@master data]# hadoop fs -mv /test/word.txt /wordcount/output
[root@master data]#
[root@master data]#
```

图 5-10　mv 命令

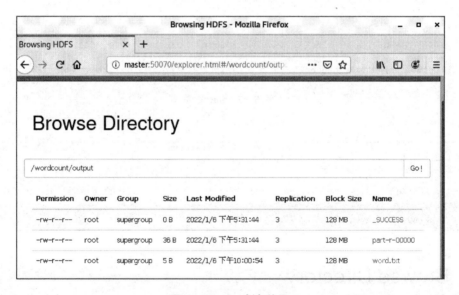

图 5-11　mv 命令效果

(5) cat 命令

cat 命令用于查看指定文件的内容。命令如图 5-12 所示。

```
文件(F) 编辑(E) 查看(V) 搜索(S) 终端(T) 帮助(H)
[root@master data]# hadoop fs -cat /wordcount/output/part-r-00000
hadoop  1
hello   3
itcast  1
itheima 1
[root@master data]#
```

图 5-12　cat 命令

(6) ls 命令

ls 命令用于显示指定工作目录下的内容(列出目前工作目录所含文件及子目录)。命令如图 5-13 所示。

```
文件(F) 编辑(E) 查看(V) 搜索(S) 终端(T) 帮助(H)
[root@master data]# hadoop fs -ls /
Found 4 items
drwxr-xr-x   - root supergroup          0 2022-01-06 22:36 /test
drwx------   - root supergroup          0 2022-01-06 17:31 /tmp
drwxr-xr-x   - root supergroup          0 2022-01-06 18:37 /user
drwxr-xr-x   - root supergroup          0 2022-01-06 17:31 /wordcount
```

图 5-13 ls 命令

5.3.2 案例——Shell 定时采集数据到 HDFS

在之前所学章节中提到,Shell 可以定时完成任务。通过 Shell 命令可以操作 HDFS 上的数据,在本小节,结合两者完成案例——Shell 定时采集数据到 HDFS。

服务器每天会产生大量日志数据,并且日志文件可能存在于每个应用程序指定的 data 目录中。在不使用其他工具的情况下,将服务器中的日志文件规范存放在 HDFS 中。通过编写简单的 Shell 脚本,用于每天自动采集服务器上的日志文件,并将海量的日志上传至 HDFS 中。由于文件上传时会消耗大量的服务器资源,为了减轻服务器的压力,可以避开高峰期,通常在凌晨进行上传文件的操作。

1. 创建日志存放和待上传文件目录

为了便于开发者控制上传文件的流程,可以在脚本中设置一个日志存放目录和一个待上传文件目录,若上传过程中发生错误,只需要查看该目录就能知道文件的上传进度。日志存放目录的路径为/export/data/logs/log,待上传文件目录的路径为/export/data/logs/toupload。创建日志存放和待上传文件目录命令如图 5-14 所示。

```
文件(F) 编辑(E) 查看(V) 搜索(S) 终端(T) 帮助(H)
[root@master data]# mkdir -p /export/data/logs/log
[root@master data]# mkdir -p /export/data/logs/toupload
[root@master data]#
```

图 5-14 创建日志存放和待上传文件目录命令

2. 在日志存放目录中存入日志文件

一般日志文件生成的逻辑由业务系统决定,比如每小时滚动一次,或者一定大小滚动一次,避免单个日志文件过大而不方便操作。

比如滚动后的文件命名为 access.log.x,其中 x 为数字。正在进行写的日志文件为 access.log。若日志的后缀是 1、2、3 等数字,则该文件满足需求可以上传,就把该文件移动到准备上传的工作区间目录,工作区间有文件之后,可以使用 hadoop put 命令将文件上传。在日志存放目录中存入日志文件命令如图 5-15 所示。

```
文件(F) 编辑(E) 查看(V) 搜索(S) 终端(T) 帮助(H)
[root@master log]# echo 'hi'>>access.log
[root@master log]# echo 'hi'>>access.log.1
[root@master log]# echo 'hi'>>access.log.2
[root@master log]# echo 'hi'>>access.log.3
[root@master log]# echo 'hi'>>access.log.4
[root@master log]# echo 'hi'>>access.log.5
[root@master log]# ls
access.log    access.log.2  access.log.4
access.log.1  access.log.3  access.log.5
```

图 5-15 在日志存放目录中存入日志文件命令

利用输出重定向命令将 hi 写在 access.los 文件中，aceess.log 文件为正在进行写的日志文件，aceess.log.1、aceess.log.2、aceess.log.3、aceess.log.4、aceess.log.5 文件为写好的日志文件。

3．编写脚本，实现自动化上传文件

代码如下：

```bash
#!/bin/bash
#配置环境变量,提高系统可靠性
export JAVA_HOME=/export/servers/jdk1.8.0_65
export JRE_HOME=${JAVA_HOME}/jre
export CLASSPATH=.:${JAVA_HOME}/lib:${JRE_HOME}/lib
export PATH=${JAVA_HOME}/bin:$PATH
export HADOOP_HOME=/export/servers/hadoop-2.7.4
export PATH=${HADOOP_HOME}/bin:${HADOOP_HOME}/sbin:$PATH
#日志文件存放的目录
log_src_dir=/export/data/logs/log/
#待上传文件存放的目录
log_toupload_dir=/export/data/logs/toupload/
#日志文件上传到hdfs的根路径
date1=`date -d last-day +%Y_%m_%d`
hdfs_root_dir=/data/clickLog/$date1/
#打印环境变量信息
echo "envs: hadoop_home: $HADOOP_HOME"
#读取日志文件的目录,判断是否有需要上传的文件
echo "log_src_dir:"$log_src_dir
ls $log_src_dir | while read fileName
do
    if [[ "$fileName" == access.log.* ]]; then
        date=`date +%Y_%m_%d_%H_%M_%S`
        #将文件移动到待上传目录并重命名
        #打印信息
        echo "moving $log_src_dir$fileName to $log_toupload_dir"xxxxx_click_log_$fileName"$date"
        mv $log_src_dir$fileName $log_toupload_dir"xxxxx_click_log_$fileName"$date
        #将待上传的文件path写入一个列表文件willDoing
        echo $log_toupload_dir"xxxxx_click_log_$fileName"$date >> $log_toupload_dir"willDoing."$date
    fi
done
#找到列表文件willDoing
ls $log_toupload_dir | grep will |grep -v "_COPY_" | grep -v "_DONE_" | while read line
do
    #打印信息
```

```
echo "toupload is in file:" $ line
#将待上传文件列表 willDoing 改名为 willDoing_COPY_
mv $ log_toupload_dir $ line $ log_toupload_dir $ line"_COPY_"
#读列表文件 willDoing_COPY_的内容(一个一个的待上传文件名),此处的 line 就是列表中的一个待
上传文件的 path
cat $ log_toupload_dir $ line"_COPY_" |while read line
do
#打印信息
echo "puting... $ line to hdfs path..... $ hdfs_root_dir"
hadoop fs -mkdir -p $ hdfs_root_dir
hadoop fs -put $ line $ hdfs_root_dir
done
mv $ log_toupload_dir $ line"_COPY_" $ log_toupload_dir $ line"_DONE_"
done
```

在 log 目录下添加该脚本,并设置脚本的执行权限,命令如图 5-16 所示。

```
文件(F)  编辑(E)  查看(V)  搜索(S)  终端(T)  帮助(H)
[root@master logs]# vi uploadFile2Hdfs.sh
[root@master logs]# chmod 777 uploadFile2Hdfs.sh
[root@master logs]#
```

图 5-16　设置脚本执行权限命令

4. 测试脚本执行情况

测试脚本执行情况如图 5-17 所示。

```
[root@master logs]# ./uploadFile2Hdfs.sh
envs: hadoop_home: /export/servers/hadoop-2.7.4
log_src_dir: /export/data/logs/log/
moving /export/data/logs/log/access.log.1 to /export/data/logs/toupload/xxxxx_click_log_access.log.12022_01_18_17_40_53
moving /export/data/logs/log/access.log.2 to /export/data/logs/toupload/xxxxx_click_log_access.log.22022_01_18_17_40_53
moving /export/data/logs/log/access.log.3 to /export/data/logs/toupload/xxxxx_click_log_access.log.32022_01_18_17_40_53
moving /export/data/logs/log/access.log.4 to /export/data/logs/toupload/xxxxx_click_log_access.log.42022_01_18_17_40_53
moving /export/data/logs/log/access.log.5 to /export/data/logs/toupload/xxxxx_click_log_access.log.52022_01_18_17_40_53
toupload is in file: willDoing.2022_01_18_17_40_53
puting.../export/data/logs/toupload/xxxxx_click_log_access.log.12022_01_18_17_40_53 to hdfs path...../data/clickLog/2022_01_17/
puting.../export/data/logs/toupload/xxxxx_click_log_access.log.22022_01_18_17_40_53 to hdfs path...../data/clickLog/2022_01_17/
puting.../export/data/logs/toupload/xxxxx_click_log_access.log.32022_01_18_17_40_53 to hdfs path...../data/clickLog/2022_01_17/
puting.../export/data/logs/toupload/xxxxx_click_log_access.log.42022_01_18_17_40_53 to hdfs path...../data/clickLog/2022_01_17/
puting.../export/data/logs/toupload/xxxxx_click_log_access.log.52022_01_18_17_40_53 to hdfs path...../data/clickLog/2022_01_17/
```

图 5-17　测试脚本

执行脚本,首先将写好的日志从 log 目录移动到待上传目录 toupload,并根据业务需求重命名;然后脚本自动执行 hadoop put 上传命令,将待上传目录中日志文件上传到 HDFS 中,再重命名,完成日志文件的上传,最后通过 HDFS Web 界面可以看到,需要采集的日志文件已经按照日期分类上传到 HDFS 中。测试结果如图 5-18 所示。

5. 定时执行任务

如果需要在每天凌晨 12 点执行一次,使用 Linux Crontab 表达式执行定时任务。代码如下:

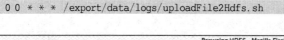

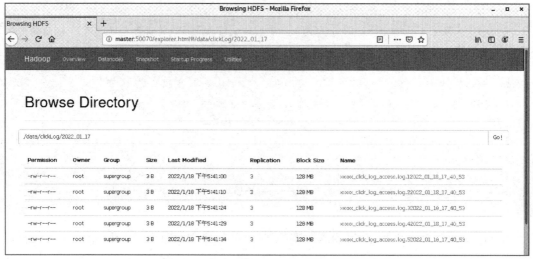

图 5-18 测试结果

5.4 HDFS Java API 操作

5.4.1 HDFS Java API 介绍

打开 Hadoop 2.7.3 Java API 官方地址,界面如图 5-19 所示。Hadoop 整合了众多文件系统,Java API 页面分为 3 部分,左上角是包(Package)窗口,左下角是所有类(All Classes)窗口,右侧是详情窗口。

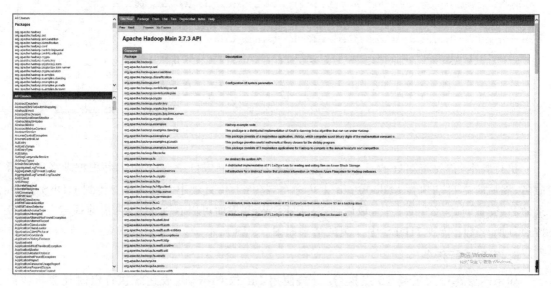

图 5-19 Hadoop 2.7.3 Java API 官方地址截图

Hadoop API 的官网地址为 http://hadoop.apache.org/docs/r2.7.3/api/index.html,可以查看更多强大的功能。

HDFS 只是这个文件系统的一个实例,HDFS Java 的核心包如下:

Configuration:该类封装了客户端或者服务器的配置,每个配置选项是一个键值对,在通常情况下,Configuration 实例会自动加载 HDFS 的配置文件 core-site.xml,从中获取 Hadoop 集群的配置信息。

org.apache.hadoop.fs.FileSystem:该类是文件系统对象,用该对象的方法来对文件进行操作。FileSystem 常用方法如表 5-2 所列。

表 5-2 FileSystem 常用方法

方法名称	方法描述
copyFromLocalFile(Path src,Path dst)	从本地磁盘复制文件到 HDFS
copyToLocalFile(Path src,Path dst)	从 HDFS 复制文件到本地磁盘
mkdir(Path f)	建立子目录
Rename(Path src,Path dst)	重命名文件或文件夹
delete(Path f)	删除指定文件

org.apache.hadoop.fs.FileStatus:该类用于向客户端展示系统中文件和目录的元数据,具体包含文件大小、块大小、副本信息、修改时间等。

org.apache.hadoop.fs.FSDataInputStream:该类表示文件中的输入流,用于读取 Hadoop 文件。

org.apache.hadoop.fs.FSDataOutputStream:该类表示文件中的输出流,用于写 Hadoop 文件。

org.apache.hadoop.fs.Path:用于表示 Hadoop 文件系统中的文件或者目录的路径。

5.4.2 HDFS Java API 案例

本节通过 Java API 演示如何操作 HDFS 文件系统,包括文件上传与下载以及目录操作等。

1. 搭建项目环境

打开 Eclipse,选择 File→New→Maven Project,创建 Maven 工程,选择 Create a simple project 选项,单击"Next"按钮,进入 New Maven project 界面,如图 5-20 所示。

在图 5-20 中,选中 Create a simple project(skip archetype selection)表示创建一个简单的项目,然后选中 Use default Workspace location 表示使用本地默认的工作空间之后,单击"Next"按钮,Maven 工程配置如图 5-21 所示。

在图 5-21 中,Group Id 是项目组织唯一的标识符,实际对应 Java 的包结构,这里输入 com.itcast。Artifact Id 就是项目的唯一标识符,实际对应项目的名称,就是项目根目录的名称,这里输入 HadoopDemo,打包方式这里选择 jar 包方式即可,后续创建 Web 工程选择 war 包。

此时 Maven 工程已经创建好,发现在 Maven 项目中有一个 pom.xml 配置文件,对项目

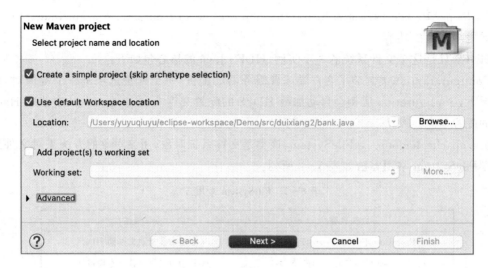

图 5-20 创建 Maven 工程

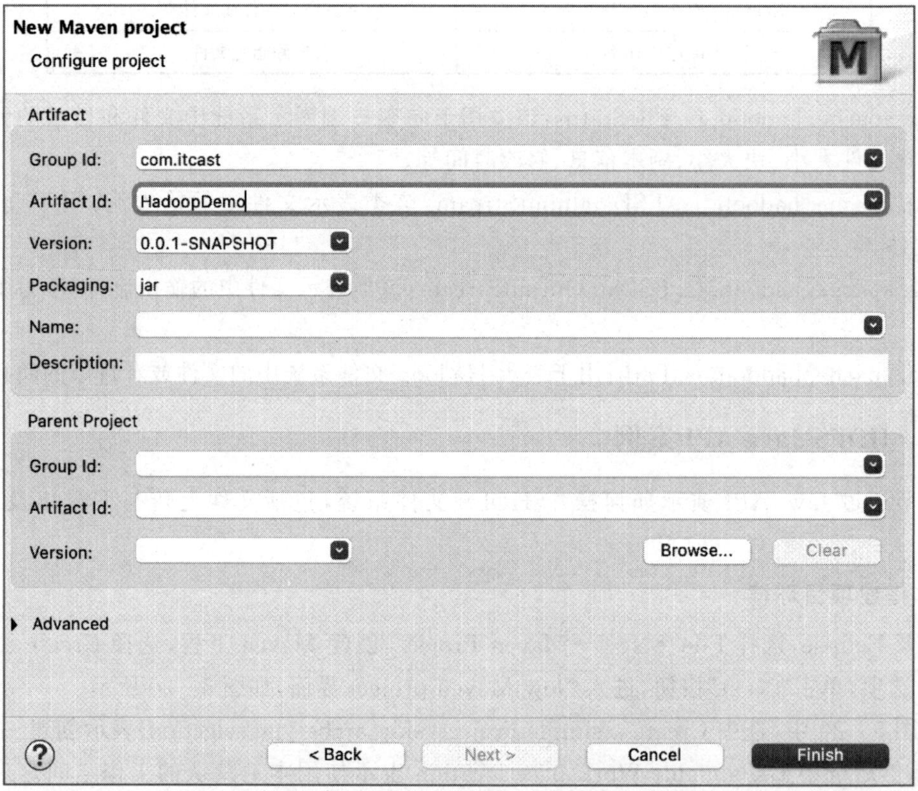

图 5-21 创建 Maven 工程配置

进行管理。

使用 Java API 操作 HDFS 需要用到 hadoop-common、hadoop-hdfs 和 hadoop-client 这 3 种依赖,同时为了进行单元测试,还要引入 junit 的测试包。具体代码如下:

```xml
<modelVersion>4.0.0</modelVersion>
<groupId>com.itcast</groupId>
<artifactId>HadoopDemo</artifactId>
<version>0.0.1-SNAPSHOT</version>
<dependencies>
    <dependency>
        <groupId>org.apache.hadoop</groupId>
        <artifactId>hadoop-common</artifactId>
        <version>2.7.4</version>
    </dependency>
    <dependency>
        <groupId>org.apache.hadoop</groupId>
        <artifactId>hadoop-hdfs</artifactId>
        <version>2.7.4</version>
    </dependency>
    <dependency>
        <groupId>org.apache.hadoop</groupId>
        <artifactId>hadoop-client</artifactId>
        <version>2.7.4</version>
    </dependency>
    <dependency>
        <groupId>junit</groupId>
        <artifactId>junit</artifactId>
        <version>RELEASE</version>
    </dependency>
</dependencies>
```

2. 初始化客户端对象

首先在项目 src 文件夹下创建 com.itcast.hdfsdemo 包,并在该包下创建 HDFS_CRUD.java 文件,编写 Java 测试类,构建 Configuration 和 FileSystem 对象,初始化一个客户端实例进行相应操作,具体代码如下:

```java
package com.itcast.hdfsdemo;
import java.io.FileNotFoundException;
import java.io.IOException;
import org.apache.hadoop.conf.Configuration;
import org.apache.hadoop.fs.BlockLocation;
import org.apache.hadoop.fs.FileStatus;
import org.apache.hadoop.fs.FileSystem;
import org.apache.hadoop.fs.LocatedFileStatus;
import org.apache.hadoop.fs.Path;
import org.apache.hadoop.fs.RemoteIterator;
import org.junit.Before;
import org.junit.Test;
```

```java
public class HDFS_CRUD {
    FileSystem fs = null;
    @Before
    public void init() throws Exception {
        //构造一个配置参数对象,设置一个参数:我们要访问的 HDFS 的 URI
        Configuration conf = new Configuration();
                //这里指定使用的是 HDFS 文件系统
        conf.set("fs.defaultFS","hdfs://192.168.19.101:9000");
        //通过如下方式进行客户端身份设置
        System.setProperty("HADOOP_USER_NAME","root");
        //通过 FileSystem 静态方法获取文件系统客户端对象
        fs = FileSystem.get(conf);
    }
```

3. 上传文件到 HDFS

初始化客户端对象后,接下来要实现上传文件到 HDFS 的功能。由于采用 Java 测试类来实现 JavaAPI 对 HDFS 的操作,因此可以在 HDFS_CRUD.java 文件中添加一个 testAddFileToHdfs()方法来演示本地文件上传到 HDFS 的示例,具体代码如下:

```java
@Test
    public void testAddFileToHdfs() throws IOException {
        //要上传的文件所在本地路径
        Path src = new Path("D:\\text.txt");
        //要上传到 HDFS 的目标路径
        Path dst = new Path("/testFile");
        //上传文件方法
        fs.copyFromLocalFile(src,dst);
        //关闭资源
        fs.close();
    }
```

从上述代码看出,可以通过 FileSystem 对象的 copyFromLocalFile()方法将本地数据上传至 HDFS 中。copyFromLocalFile()方法接收两个参数,第一个参数为要上传文件所在的本地路径(需要提前创建),第二个参数为要上传到 HDFS 的目标路径。

4. 从 HDFS 下载文件到本地

在 HDFS_CRUD.java 文件中添加一个 testDownloadFileToLocal()方法,实现从 HDFS 中下载文件到本地系统的功能,具体代码如下:

```java
@Test
public void testDownloadFilcToLocal() throws IllegalArgumentException,IOException {
        //下载文件
        fs.copyToLocalFile(new Path("/testFile"),new Path("D:/"));
        fs.close();
    }
```

从上述代码看出,可以通过 FileSystem 对象的 copyToLocalFile( )方法从 HDFS 上下载文件到本地。copyToLocalFile( )方法接收两个参数,第一个参数为 HDFS 上的文件路径,第二个参数为下载到本地的目标路径。

5. 目录操作

在 HDFS_CRUD.java 文件中添加一个 testMkdirAndDeleteAndRename( )方法,实现目录的创建、删除、重命名的功能,具体代码如下:

```java
@Test
    public void testMkdirAndDeleteAndRename() throws Exception{
        //创建目录
        fs.mkdirs(new Path("/a/b/c"));
        fs.mkdirs(new Path("/a2/b2/c2"));
        //重命名文件或文件夹
        fs.rename(new Path("/a"),new Path("/a3"));
        //删除文件夹,如果是非空文件夹,参数 2 必须赋值 true
        fs.delete(new Path("/a2"),true);
    }
```

从上述代码看出,可以通过 FileSystem 的 mkdir( )方法创建新的目录,通过 delete( )方法可以删除文件夹。delete( )方法接收两个参数,第一个参数表示要删除的文件夹路径,第二个参数用于设置是否递归删除目录。调用 rename( )方法可以对文件或文件夹重命名,rename( )接收两个参数,第一个参数代表需要修改的目标路径,第二个参数代表新的命名。

5.5 本章小结

本章主要学习的是 Hadoop 中的分布式文件系统 HDFS。首先,通过 HDFS 中的基本概念和特点概述对 Hadoop 分布式文件系统有基本的认识;其次,对 HDFS 的架构和原理进行讲解;最后,通过 Java API 和 Shell 接口分别对 HDFS 的操作进行讲解,运用实践案例,对本章知识进行实践应用。

5.6 课后习题

一、填空题

1. 解决单点故障的办法是_____机制。
2. 用于维护文件系统名称并管理客户端对文件的访问,_____存储真实的数据块。
3. NameNode 与 DataNode 通过_____机制互相通信。

二、判断题

1. Hadoop2.x 版本中的数据块大小默认是 128 MB。(   )
2. Secondary NameNode 是 NameNode 的备份,可以有效解决 Hadoop 集群单点故障问题。(   )
3. NameNode 以元数据形式维护 FsImage 镜像文件和 EditLog 日志文件。(   )

三、选择题

1. 在 HDFS 中负责管理元数据的组件是（　　）。
   A. NameNode　　　　　　　　　　　　B. DataNode
   C. Secondary NameNode　　　　　　　D. JobTracker

2. 客户端上传文件时，以下哪项是正确的？（　　）
   A. 数据经过 NameNode 传给 DataNode
   B. 客户端将文件切分为多个 Block，依次上传
   C. 客户端只上传数据到一台 DataNode，然后由 NameNode 负责 Block 复制工作
   D. 客户端发起文件上传请求，通过 RPC 与 NameNode 建立通信

四、简答题

1. 简述 HDFS 核心组件 NameNode 和 DataNode 的作用。
2. 简述 Shell 定时采集数据至 HDFS 的工作流程。

五、编程题

通过 Java API 实现上传文件至 HDFS 中。

第 6 章 MapReduce 分布式计算框架

☞ **学习目标：**
- 理解 MapReduce 的核心思想；
- 掌握 MapReduce 的编程模型；
- 掌握 MapReduce 的工作原理；
- 掌握 MapReduce 常见编程组件的使用。

6.1 MapReduce 概述

MapReduce 源于 Google 在 2004 年发表的论文，它是一个编程模型，主要用于解决海量数据当中的计算问题。对于大数据量的计算，通常采用并行计算处理方式。

但对许多开发者来说，自己实现一个并行计算程序难度太大，而 MapReduce 正好是一种简化并行计算的编程模型，它使得那些不具备并行计算经验的开发人员也可以开发并行应用程序。MapReduce 通过简化编程模型降低了开发并行应用程序的入门门槛。MapReduce 中的 Map 代表并行计算，Reduce 代表聚合分析。

Apache Hadoop MapReduce 是 Doug Cutting 基于 Google 的 MapReduce 论文而开发的分布式计算框架。诸多 Hadoop 生态体系中的技术框架（比如 Hive、Flume、Sqoop、Azkaban 等底层计算引擎）都使用 Apache Hadoop MapReduce。

MapReduce 具有以下优点：

① 易于编程。通过一些接口就可以完成一个分布式程序，这个分布式程序可以分布到大量廉价的 PC 机器运行。写一个分布式程序就像写一个简单的串行程序，就是因为这个特点，MapReduce 编程变得非常流行。

② 良好的可扩展性。当计算资源不能得到满足时，可以通过简单的增加机器来扩展它的计算能力。

③ 高容错性。MapReduce 设计的初衷就是使程序能够部署在廉价的 PC 机器上，这就要求它具有很高的容错性。比如其中一台机器宕机了，可以把上面的计算任务转移到另外一个节点上运行，不至于使这个任务运行失败，而且此过程不需要人工干预，完全在 Hadoop 内部完成。

④ 能对 PB 级以上海量数据进行离线处理。适合离线处理但不适合实时处理，比如要求毫秒级别返回一个结果，MapReduce 就很难做到。

6.2 MapReduce 编程模型

MapReduce 编程模型开发简单但功能强大，专门为并行处理大规模数据量而设计，下面通过一张图来描述 MapReduce 的工作过程，如图 6-1 所示。

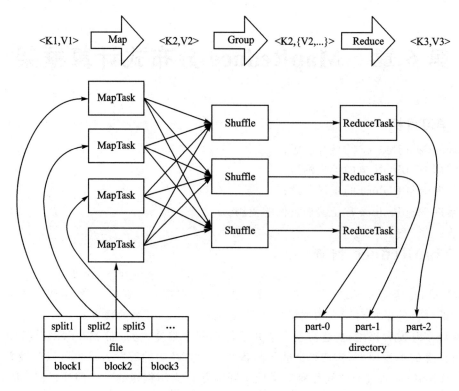

图 6-1 MapReduce 编程模型

MapReduce 可以进行大数据处理是由于它的"分而治之"的设计思想,能够把复杂任务分解成小任务进行计算,通过 map() 和 reduce() 两个函数实现分布式计算。

6.2.1 MapReduce 工作流程

MapReduce 的工作流程大致可以分为 5 步,如图 6-2 所示。

图 6-2 MapReduce 工作流程

(1) 分片、格式化数据源

输入 Map 阶段的数据源,必须经过分片和格式化操作。

分片操作指的是将源文件划分为大小相等的小数据块(Hadoop2.x 中默认为 128 MB),也就是分片(Split),Hadoop 会为每一个分片构建一个 Map 任务,并由该任务运行自定义的 map() 函数,从而处理分片中的每一条记录。

格式化操作将划分好的分片(Split)格式化为键值对<key,value>形式的数据,其中,key 代表偏移量,value 代表每一行内容。

(2) 执行 MapTask

每个 Map 任务都有一个内存缓冲区(缓冲区大小为 100 MB),输入的分片(Split)数据经过 Map 任务处理后的中间结果会写入内存缓冲区中。如果写入的数据达到内存缓冲的阈值

(80 MB),会启动一个线程将内存中的溢出数据写入磁盘,同时不影响 Map 中间结果继续写入缓冲区。

在溢写过程中,MapReduce 框架会对 key 进行排序,若中间结果比较大,则会形成多个溢写文件,最后的缓冲区数据也会全部溢写入磁盘形成一个溢写文件,如果是多个溢写文件,则最后合并所有的溢写文件为一个文件。

(3) 执行 Shuffle 过程

在 MapReduce 工作过程中,Map 阶段处理的数据如何传递给 Reduce 阶段,这是 MapReduce 框架中关键的一个过程,这个过程叫作 Shuffle。Shuffle 会将 MapTask 输出的处理结果数据分发给 ReduceTask,并且在分发过程中对数据按 key 进行分区和排序。

(4) 执行 ReduceTask

输入 ReduceTask 的数据流是<key,{valuelist}>形式,用户可以自定义 reduce()方法进行逻辑处理,最终以<key,value>形式输出。

(5) 写入文件

MapReduce 框架会自动把 ReduceTask 生成的<key,value>传入 OutputFormat 的 write 方法,实现文件的写入操作。

6.2.2 MapTask 工作原理

MapTask 作为 MapReduce 工作流程的前半部分,主要经历了 5 个阶段,分别是 Read 阶段、Map 阶段、Collect 阶段、Spill 阶段和 Combine 阶段,如图 6-3 所示。

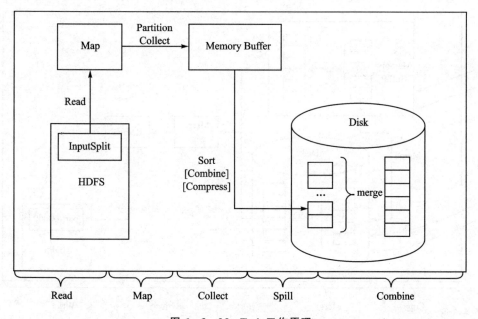

图 6-3 MapTask 工作原理

① Read 阶段:MapTask 通过用户编写的 RecordReader 从输入的 InputSplit 中解析出一个个 key/value。

② Map 阶段:将解析出的 key/value 交给用户编写的 map()函数处理,并产生一系列新的 key/value。

③ Collect 阶段：在用户编写的 map() 函数中，处理完数据后，一般会调用 outputCollector.collect() 的输出结果，在该函数内部，会将生成的 key/value 分片（通过调用 partitioner），并写入一个环形内存缓冲区中（该缓冲区默认大小为 100 MB）。

④ Spill 阶段：即"溢写"，当缓冲区快要溢出时（默认达到缓冲区大小的 80%），会在本地文件系统创建一个溢出文件，将该缓冲区的数据写入这个文件。

将数据写入本地磁盘前，先要对数据进行一次本地排序，并在必要时对数据进行合并、压缩等操作。写入磁盘前，线程会根据 ReduceTask 的数量将数据分区，一个 Reduce 任务对应一个分区的数据。这样做是为了避免出现有些 Reduce 任务分配到大量数据，而有些 Reduce 任务只分到很少的数据，甚至没有分到数据的尴尬局面。

如果此时设置了 Combiner，将排序后的结果进行 Combine 操作，可以尽可能少地执行数据写入磁盘的操作。

⑤ Combine 阶段：当所有数据处理完成以后，MapTask 会对所有临时文件进行一次合并，以确保最终只会生成一个数据文件。合并过程中会不断地进行排序和 Combine 操作，其目的有两个：一是尽量减少每次写入磁盘的数据量；二是尽量减少下一复制阶段网络传输的数据量。最后合并成了一个已分区且已排序的文件。

6.2.3 ReduceTask 工作原理

ReduceTask 的工作过程主要经历了 5 个阶段，分别是 Copy 阶段、Merge 阶段、Sort 阶段、Reduce 阶段和 Write 阶段，如图 6-4 所示。

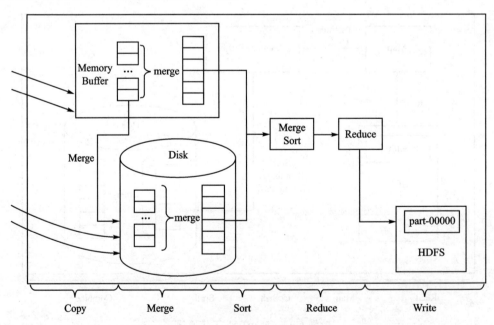

图 6-4 ReduceTask 工作原理

① Copy 阶段：Reduce 会从各个 MapTask 上远程复制一片数据（每个 MapTask 传来的数据都是有序的），并针对某一片数据，若其大小超过一定阈值，则写到磁盘上，否则直接放到内存中。

② Merge 阶段：在远程复制数据的同时，ReduceTask 会启动两个后台线程，分别对内存和磁盘上的文件进行合并，以防止内存使用过多或者磁盘文件过多。

③ Sort 阶段：用户编写 reduce()方法输入数据是按 key 进行聚集的一组数据。

为了将 key 相同的数据聚集在一起，Hadoop 采用了基于排序的策略。由于各个 MapTask 已经对自己的处理结果进行了局部排序，因此，ReduceTask 只需对所有数据进行一次归并排序即可。

④ Reduce 阶段：对排序后的键值对调用 reduce()方法，键相等的键值对调用一次 reduce()方法，每次调用会产生零个或者多个键值对，最后把这些输出的键值对写入到 HDFS 中。

⑤ Write 阶段：reduce()函数将计算结果写到 HDFS 上。

合并过程中会产生许多中间文件（已写入磁盘），但 MapReduce 会尽量减少写入磁盘的数据，并且最后一次合并的结果并没有写入磁盘，而是直接输入到 Reduce 函数。

6.3 MapReduce 案例解析

6.3.1 单词统计

单词统计（Word Count）案例被称为大数据领域的"Hello World"，程序设计目标是统计给定的文本文件中每一个单词出现的总次数。

准备数据 Hello.txt：

```
hello hadoop
hello Jack
```

期望输出结果：

```
hello   2
hadoop  1
Jack    1
```

按照 MapReduce 编程规范，分别编写 Mapper、Reducer、Driver 组件。

WordCountMapper.java：使用的是 Mapper 组件，负责"分"，即把一个总的任务拆分成 N 个简单的小任务来处理，这里可以理解小任务指的是：

① 相对总任务，计算规模相对变小或者计算的数据量变小。

② 小任务分配到所需的数据节点上进行计算，小任务计算尽量在本机上计算。

③ 这些小任务之间可以是并行计算、互不干扰和前后的依赖关系。

WordCountReducer.java：使用的是 Reducer 组件，主要对 Mapper 函数小任务的计算结果进行汇总。至于如何汇总，可以根据业务需要进行组装后输出汇总数据。举一个最简单的例子，比如谷歌服务器集群节点当中存着全网所有网站的 URL 地址，要统计现在全网有多少个网站，就可以按服务器节点分解成 N 个小任务，每个小任务计算本机器节点上的 URL 地址数量，这就是"Map"。节点越多，统计 URL 的速度就越快。当统计完所有节点后，把所有数据加在一起，这就是"Reduce"。可见 MapReduce 的核心设计思想就是"分而治之"。

WordCountDriver.java：这是 Hadoop MapReduce 程序的最后一个组件，它会初始化 Job

和指示 Hadoop 平台在输入文件集合上执行代码,并控制输出文件的放置地址。

单词统计分析与设计流程如图 6-5 所示。

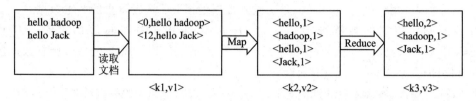

图 6-5 单词统计分析与设计

以上 3 个组件代码说明如下:

文件 WordCountMapper.java

```
package cn.hadoop.mr.wordcount;
import java.io.IOException;
import org.apache.hadoop.io.IntWritable;
import org.apache.hadoop.io.LongWritable;
import org.apache.hadoop.io.Text;
import org.apache.hadoop.mapreduce.Mapper;
/**
*
* 这里就是 MapReduce 程序 Map 阶段业务逻辑实现的类 Mapper<KEYIN,VALUEIN,KEYOUT,VALUEOUT>
* KEYIN:表示 Mapper 数据输入时 key 的数据类型,在默认读取数据组件下,叫作 ImportFormat,它的行为作用是每行读取待处理的数据
* 读取一行,就返回一行给 MR 程序,这种情况下 KEYIN 就表示每一行的起始偏移,因此数据类型是 Long
* VALUEIN:表示 Mapper 数据输入时 Value 的数据类型,在默认读取数据组件下,valueIN 就表示读取的一行内容 因此数据类型是 String
* KEYOUT:表示 Mapper 阶段数据输出时 key 的数据类型,在本案例中输出的 key 是单词,因此数据类型是 String
* VALUEOUT:表示 Mapper 阶段数据输出时 value 的数据类型,在本案例中输出的 value 是单次,因此数据类型是 Integer
* 这里所说的数据类型 String、Long 都是 JDK 自带的类型,数据在分布式系统中跨网络传输就需要将数据序列化,默认 JDK 序列化时效率低下
* 因此使用 Hadoop 封装的序列化类型。long -- LongWritable String -- Text Integer intWritable....
*
*/
public class WordCountMapper extends Mapper<LongWritable,Text,Text,IntWritable> {
    /**
     * 这里就是 Mapper 阶段具体业务逻辑实现的方法,该方法的调用取决于读取数据的组件有没有给 MR 传入数据
     * 如果有数据传入,每一个<k,v>对,map 就会被调用一次
     */
    @Override
```

```java
protected void map(LongWritable key,Text value,Mapper<LongWritable,Text,Text,IntWritable>.Context context)
        throws IOException,InterruptedException {
    //拿到传入进来的一行内容,把数据类型转换为 String
    String line = value.toString();
    //将这行内容按照分隔符切割
    String[] words = line.split(" ");
    //遍历数组,每出现一个单词就标记一个数组1,例如:<单词,1>
    for (String word : words) {
        //使用 MR 上下文内容,把 Map 阶段处理的数据发送给 Reduce 阶段作为输入数据
        context.write(new Text(word),new IntWritable(1));
        //}
    }
}
```

注意:输入 hello hadoop;输出:<hello,1> <hadoop,1>。

文件 WordCountReducer.java

```java
package cn.hadoop.mr.wordcount;
import java.io.IOException;
import org.apache.hadoop.io.IntWritable;
import org.apache.hadoop.io.Text;
import org.apache.hadoop.mapreduce.Reducer;
//都要继承 Reducer,这就是所说的编程模型,只需要套模板即可
/**
 * 这里是 MR 程序 Reducer 阶段处理的类
 * KEYIN:就是 Reducer 阶段输入的数据 key 类型,对应 Mapper 阶段输出 KEY 类型,在本案例中就是单词
 * VALUEIN:就是 Reducer 阶段输入的数据 value 类型,对应 Mapper 阶段输出 VALUE 类型,在本案例中就是个数
 * KEYOUT:就是 Reducer 阶段输出的数据 key 类型,在本案例中,就是单词 Text
 * VALUEOUT:Reducer 阶段输出的数据 value 类型,在本案例中,就是单词的总次数
 */
public class WordCountReducer extends Reducer<Text,IntWritable,Text,IntWritable> {
    /**
     * 这里是 Reduce 阶段具体业务类的实现方法
     * reduce 接收所有来自 Map 阶段处理的数据之后,按照 Key 的字典序进行排列
     * 按照相同 key 值去调用 reduce 方法
     * 本方法就是把相同的 Key 的所有 v 作为一个迭代器传入 Reduce 方法
     * Iterable 迭代器:<hadoop,{1,1}>
     */
    @Override
    protected void reduce(Text key,Iterable<IntWritable> value,
            Reducer<Text,IntWritable,Text,IntWritable>.Context context) throws IOException,InterruptedException {
        //定义一个计数器
```

```
        int count = 0;
        //遍历一组迭代器,把每一个数量1累加起来就构成了单词的总次数
        for (IntWritable iw : value) {
            count += iw.get();
        }
        context.write(key,new IntWritable(count));
    }
}
```

注意:输入与输出之间的变化。

ReduceTask 输入与输出之间的变化如图 6-6 所示。

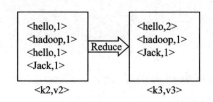

图 6-6 ReduceTask 输入与输出之间的变化

文件 WordCountDriver.java

```
package cn.hadoop.mr.wordcount;
import org.apache.hadoop.conf.Configuration;
import org.apache.hadoop.fs.Path;
import org.apache.hadoop.io.IntWritable;
import org.apache.hadoop.io.Text;
import org.apache.hadoop.mapreduce.Job;
import org.apache.hadoop.mapreduce.lib.input.FileInputFormat;
import org.apache.hadoop.mapreduce.lib.output.FileOutputFormat;
/**
 * Driver 类就是 MR 程序运行的主类,本类中组装了一些程序运行时所需要的信息
 * 主要内容涵盖需要使用的 Mapper 类、Reducer 类、处理的数据及最终的输出
 */
public class WordCountDriver {
    public static void main(String[] args) throws Exception {
        //通过 Job 来封装本次 MR 的相关信息
        Configuration conf = new Configuration();
        conf.set("mapreduce.framework.name","local");
        Job wcjob = Job.getInstance(conf);
        //指定 MR Job jar 包运行主类
        wcjob.setJarByClass(WordCountDriver.class);
        //指定本次 MR 所有的 Mapper Reducer 类
        wcjob.setMapperClass(WordCountMapper.class);
        wcjob.setReducerClass(WordCountReducer.class);
        //设置的业务逻辑 Mapper 类的输出 key 和 value 的数据类型
```

```
        wcjob.setMapOutputKeyClass(Text.class);
        wcjob.setMapOutputValueClass(IntWritable.class);
        //设置的业务逻辑 Reducer 类的输出 key 和 value 的数据类型
        wcjob.setOutputKeyClass(Text.class);
        wcjob.setOutputValueClass(IntWritable.class);
        //设置 Combiner 组件
        wcjob.setCombinerClass(WordCountCombiner.class);
        //指定要处理的数据所在的位置
        FileInputFormat.setInputPaths(wcjob,"D:/mr/input");
        //指定处理完成之后的结果所保存的位置
        FileOutputFormat.setOutputPath(wcjob,new Path("D:/mr/output"));
        //提交程序并且监控打印程序执行情况
        boolean res = wcjob.waitForCompletion(true);
        System.exit(res ? 0 : 1);
    }
}
```

案例测试方式有两种:集群测试和本地测试,建议读者使用本地测试通过后,再使用集群测试方式,具体步骤参考如下:

(1) 集群测试

① 将程序打成 jar 包,然后拷贝到 Hadoop 集群中;

② 启动 Hadoop 集群;

③ 执行 WordCount 程序。

(2) 本地测试

① 在 Windows 环境下配置 HADOOP_HOME 环境变量;

② 在 Eclipse 上运行程序。

6.3.2 倒排索引(InvertedIndex)

数据每天都在海量增长,面对如此巨大的数据,如何才能让搜索引擎更好地工作呢?分布式情况下搜索引擎的基础实现即"倒排索引",将所有不同文件里面的关键词进行存储,并实现快速检索。

假设有 3 个文件的数据如下:

```
file1.txt:MapReduce is simple
file2.txt:MapReduce is powerful is simple
file3.txt:Hello MapReduce bye MapReduce
```

最终应生成如下索引结果:

```
Hello       file3.txt:1
MapReduce   file3.txt:2;file2.txt:1;file1.txt:1
bye         file3.txt:1
is          file2.txt:2;file1.txt:1
powerful    file2.txt:1
simple      file2.txt:1;file1.txt:1
```

说明提示:"MapReduce file3.txt:2;file2.txt:1;file1.txt:1"中,MapReduce 为提取的单词,file3.txt:2;表示在 file3.txt 文件中出现了 2 次,file2.txt:1;表示在 file2.txt 文件中出现了 1 次。

分析设计:对读入的数据利用 Map 操作进行预处理,如图 6-7 所示。

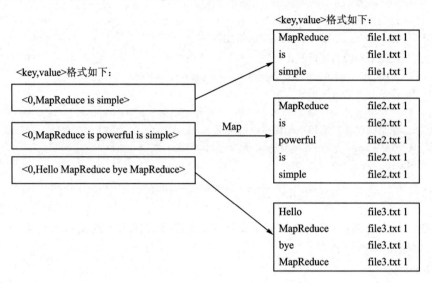

图 6-7 倒排索引分析设计

对比之前的单词统计(WordCount),要实现如图 6-7 所需求的变换,倒排索引单靠 Map 和 Reduce 操作明显无法完成,因此中间加入"Combine",即合并操作,具体如图 6-8 所示。

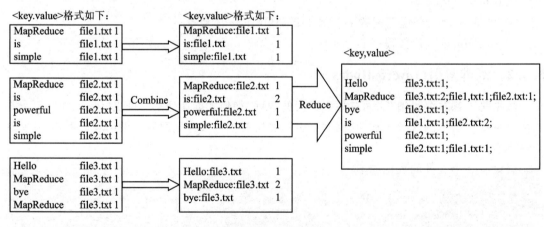

图 6-8 合并操作

具体实现如下:InvertedIndexMapper.java

```
package cn.hadoop.mr.InvertedIndex;
import java.io.IOException;
import org.apache.commons.lang.StringUtils;
import org.apache.hadoop.io.LongWritable;
import org.apache.hadoop.io.Text;
```

```java
import org.apache.hadoop.mapreduce.Mapper;
import org.apache.hadoop.mapreduce.lib.input.FileSplit;
public class InvertedIndexMapper extends Mapper<LongWritable,Text,Text,Text> {
    private static Text keyInfo = new Text();//存储单词和 URL 组合
    private static final Text valueInfo = new Text("1");//存储词频,初始化为 1
    @Override
    protected void map(LongWritable key,Text value,Context context) throws IOException,InterruptedException {
        String line = value.toString();
        String[] fields = StringUtils.split(line," ");//得到字段数组
        FileSplit fileSplit = (FileSplit) context.getInputSplit();
                                            //得到这行数据所在的文件切片
        String fileName = fileSplit.getPath().getName();//根据文件切片得到文件名
        for (String field : fields) {
            //key 值由单词和 URL 组成,如"MapReduce:file1"
            keyInfo.set(field + ":" + fileName);
            context.write(keyInfo,valueInfo);
        }
    }
}
```

输出结果如图 6-9 所示。

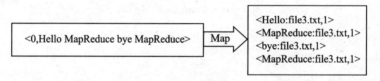

图 6-9 Map 输出结果

注意:InvertedIndexMapper 组件的输入/输出变换。
输入:<0,Hello MapReduce bye MapReduce>
输出:<Hello:file3.txt,1>
<MapReduce:file3.txt,1>
<bye :file3.txt,1>
<MapReduce:file3.txt,1>
InvertedIndexCombiner.java

```java
package cn.hadoop.mr.InvertedIndex;
import java.io.IOException;
import org.apache.hadoop.io.Text;
import org.apache.hadoop.mapreduce.Reducer;
public class InvertedIndexCombiner extends Reducer<Text,Text,Text,Text> {
    private static Text info = new Text();
    //输入:<MapReduce:file3 {1,1,...}>
    //输出:<MapReduce file3;2>
```

```
@Override
protected void reduce(Text key,Iterable<Text> values,Context context) throws IOException,
InterruptedException {
    int sum = 0;//统计词频
    for (Text value : values) {
        sum += Integer.parseInt(value.toString());
    }
    int splitIndex = key.toString().indexOf(":");
    //重新设置 value 值由 URL 和词频组成
    info.set(key.toString().substring(splitIndex + 1) + ":" + sum);
    //重新设置 key 值为单词
    key.set(key.toString().substring(0,splitIndex));
    context.write(key,info);
}
}
```

Combine 输出结果如图 6-10 所示。

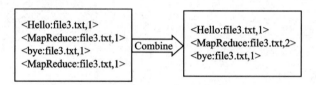

图 6-10　Combine 输出结果

注意：InvertedIndexCombiner 组件本身也是继承于 Reducer 组件。

输入：<MapReduce:file3 {1,1}>

输出：<MapReduce file3:2>

对 value 进行合并，即完成对 file3.txt 文件中对单词"MapReduce"的统计工作。

InvertedIndexReducer.java

```
package cn.hadoop.mr.InvertedIndex;
import java.io.IOException;
import org.apache.hadoop.io.Text;
import org.apache.hadoop.mapreduce.Reducer;
public class InvertedIndexReducer extends Reducer<Text,Text,Text,Text> {
    private static Text result = new Text();
    //输入：<MapReduce file3:2>
    //输出：<MapReduce file1:1;file2:1;file3:2;>
    @Override
    protected void reduce(Text key,Iterable<Text> values,Context context)
            throws IOException,InterruptedException {
        //生成文档列表
        String fileList = newString();
        for (Text value : values) {
```

```
            fileList += value.toString() + ";";
        }
        result.set(fileList);
        context.write(key,result);
    }
}
```

注意:InvertedIndexReducer 组件的输入与输出,完成了对最终数据呈现的要求。
输入:<MapReduce file3:2>
输出:<MapReduce file1:1;file2:1;file3:2;>
InvertedIndexRunner.java

```
package cn.hadoop.mr.InvertedIndex;
import java.io.IOException;
import org.apache.hadoop.conf.Configuration;
import org.apache.hadoop.fs.Path;
import org.apache.hadoop.io.Text;
import org.apache.hadoop.mapreduce.Job;
import org.apache.hadoop.mapreduce.lib.input.FileInputFormat;
import org.apache.hadoop.mapreduce.lib.output.FileOutputFormat;
public class InvertedIndexRunner {
    public static void main(String[] args) throws IOException,
        ClassNotFoundException,InterruptedException {
        Configuration conf = newConfiguration();
        Job job = Job.getInstance(conf);
        job.setJarByClass(InvertedIndexRunner.class);
        job.setMapperClass(InvertedIndexMapper.class);
        job.setCombinerClass(InvertedIndexCombiner.class);
        job.setReducerClass(InvertedIndexReducer.class);
        job.setOutputKeyClass(Text.class);
        job.setOutputValueClass(Text.class);
        FileInputFormat.setInputPaths(job,new Path("D:\\InvertedIndex\\input"));
        //指定处理完成之后的结果所保存的位置
        FileOutputFormat.setOutputPath(job,new Path("D:\\InvertedIndex\\output"));
        //向 Yarn 集群提交 job
        boolean res = job.waitForCompletion(true);
        System.exit(res ? 0 : 1);
    }
}
```

从上文的 Map ---> Combine ---> Reduce 操作过程中,可以体会到"倒排索引"的过程其实也就是不断组合并拆分字符串的过程,而这也就是 Hadoop 中 MapReduce 并行计算的体现。

6.3.3 数据去重(dedup)

对数据文件中的数据进行去重。数据文件中的每行都是一个数据,样例输入如下:
文件 file1.txt

```
2022-3-3 c
2022-3-4 d
2022-3-1 a
2022-3-2 b
2022-3-5 a
2022-3-6 b
2022-3-7 c
2022-3-3 c
```

文件 file2.txt

```
2022-3-1 b
2022-3-2 a
2022-3-3 b
2022-3-4 d
2022-3-5 a
2022-3-6 c
2022-3-7 d
2022-3-3 c
```

期望输出:

```
2022-3-1 a
2022-3-1 b
2022-3-2 a
2022-3-2 b
2022-3-3 b
2022-3-3 c
2022-3-4 d
2022-3-5 a
2022-3-6 b
2022-3-6 c
2022-3-7 c
2022-3-7 d
```

数据去重的最终目标是让原始数据中出现次数超过一次的数据在输出文件中只出现一次。

DedupMapper.java

```java
package cn.hadoop.mr.dedup;
import java.io.IOException;
import org.apache.hadoop.io.LongWritable;
```

```java
import org.apache.hadoop.io.NullWritable;
import org.apache.hadoop.io.Text;
import org.apache.hadoop.mapreduce.Mapper;
public class DedupMapper extends Mapper<LongWritable,Text,Text,NullWritable> {
    private static Text field = new Text();
    @Override
    protected void map(LongWritable key,Text value,Context context) throws IOException,InterruptedException {
        field = value;
        context.write(field,NullWritable.get());
    }
}
```

注意：Map 阶段将 value 设置为 key，并直接输出。map 输出数据的 key 为数据，将 value 设置成空值。

输入：<0,2022-3-3 c>　<11,2022-3-4 d>

输出：<2022-3-3 c,null>　<2022-3-4 d,null>

DedupReducer.java

```java
package cn.hadoop.mr.dedup;
import java.io.IOException;
import org.apache.hadoop.io.NullWritable;
import org.apache.hadoop.io.Text;
import org.apache.hadoop.mapreduce.Reducer;
public class DedupReducer extends Reducer<Text,NullWritable,Text,NullWritable> {
    //<2022-3-3 c,null>  <2022-3-4 d,null>
    @Override
    protected void reduce(Text key,Iterable<NullWritable> values,Context context)
            throws IOException,InterruptedException {
        context.write(key,NullWritable.get());
    }
}
```

注意：Reduce 阶段不管每个 key 有多少个 value，它直接将输入的 key 复制为输出的 key 并输出（输出中的 value 被设置成空），这样就会使用 MapReduce 默认机制对 key 自动去重。

DedupRunner.java

```java
package cn.hadoop.mr.dedup;
import java.io.IOException;
import org.apache.hadoop.conf.Configuration;
import org.apache.hadoop.fs.Path;
import org.apache.hadoop.io.NullWritable;
import org.apache.hadoop.io.Text;
import org.apache.hadoop.mapreduce.Job;
import org.apache.hadoop.mapreduce.lib.input.FileInputFormat;
```

```java
import org.apache.hadoop.mapreduce.lib.output.FileOutputFormat;
public class DedupRunner {
    public static void main(String[] args) throws IOException,ClassNotFoundException,InterruptedException {
        Configuration conf = new Configuration();
        Job job = Job.getInstance(conf);
        job.setJarByClass(DedupRunner.class);
        job.setMapperClass(DedupMapper.class);
        job.setReducerClass(DedupReducer.class);
        job.setOutputKeyClass(Text.class);
        job.setOutputValueClass(NullWritable.class);
        FileInputFormat.setInputPaths(job,new Path("D:\\Dedup\\input"));
        //指定处理完成之后的结果所保存的位置
        FileOutputFormat.setOutputPath(job,new Path("D:\\Dedup\\output"));
        job.waitForCompletion(true);
    }
}
```

6.4 本章小结

本章主要讲解了 MapReduce 程序的相关知识,首先介绍什么是 MapReduce 以及 MapReduce 的工作原理;然后通过 3 种常见的 MapReduce 经典案例使读者掌握其编程框架以及编程思想。通过本章的学习,初学者可以了解 MapReduce 计算框架的思想且能够使用 MapReduce 解决实际问题。

6.5 课后习题

一、填空题

1. 在 MapReduce 中,_____ 阶段负责将任务分解,_____ 阶段负责将任务合并。

2. MapReduce 工作流程分为 _____、_____、_____、_____、_____。

3. Partitioner 组件目的是 _____。

二、判断题

1. Map 阶段处理数据时,是按照 Key 的哈希值与 ReduceTask 数量取模进行分区的。( )
2. 分区数量是 ReduceTask 的数量。( )
3. 在 MapReduce 程序中,必须开发 Map 和 Reduce 相应的业务代码才能执行程序。( )

三、选择题

1. MapReduce 适用于下列哪个选项?( )
    A. 任意应用程序
    B. 任意可以在 Windows Server 2008 上的应用程序

  C. 可以串行处理的应用程序

  D. 可以并行处理的应用程序

2. 下面关于 MapReduce 模型中 Map 函数与 Reduce 函数的描述，正确的是（ ）。

  A. 一个 Map 函数就是对一部分原始数据进行指定的操作

  B. 一个 Map 操作就是对每个 Reduce 所产生的一部分中间结果进行合并操作

  C. Map 与 Map 之间不是相互独立的

  D. Reducee 与 Reduce 之间不是相互独立的

3. MapReduce 自定义排序规则需要重写下列哪项方法？（ ）

  A. readFields() B. compareTo() C. map() D. reduce()

四、简答题

1. 简述 HDFS Block 与 MapReduce Split 之间的联系。
2. 简述 Shuffle 工作流程。

五、编程题

1. 现有数据文本文件 abc.txt，内容如下所示，请编写 MapReduce 程序将该文本文件中重复的数据删除。

```
basic
abc
abc
forgive
republic
basic
win
win
```

2. 现有一组数据，内容如下所示，请利用 MapReduce 求出下列数据中最大的 10 个数，并倒序输出。

```
47 63 78 97 60 53 11 21 93 42
71 12 13 14 16 24
19 15 18 10
39 34 28
```

第7章　项目实战——某国新冠肺炎疫情 COVID-19 分析

现今,各大电商企业、行业巨头、科研机构、政府机关纷纷提出向大数据进军,大数据逐渐充满人们生活的每个角落,作为推动大数据发展的 Hadoop 产品自然受到众多企业和开发者的欢迎。现在从事 Hadoop 开发的人员越来越多,应用 Hadoop 产品的企业也越来越多。Hadoop 中的 MapReduce 计算框架是整个平台的核心,以实践案例为主线,通过遵循本章项目中的案例操作步骤完成案例,深入学习 MapReduce。

7.1　项目说明

本节重点在于 MapReduce 代码的练习,主要模块分别是自定义对象、序列化、排序、分区、分组等。本章代码练习很多,学习难度很大,需要读者对照代码才能理解 MapReduce 的思想,本章介绍 MapReduce 两个重要组成部分:Partition 机制和 Combiner 组件。

7.1.1　MapReduce Partition 机制

在默认情况下,不管 Map 阶段有多少个并发执行 Task,到 Reduce 阶段,所有的结果都将由一个 Task 来处理,并且最终结果输出到一个文件中,如图 7-1 所示的 part-r-00000。

改变 ReduceTask 个数:在 MapReduce 中,通过 Job 提供的方法,可以修改 ReduceTask 的个数,默认情况下不设置,ReduceTask 个数为 1。设置 job.setNumReduceTasks(6),此时的输出结果如图 7-2 所示。

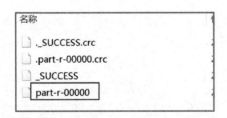

图 7-1　默认情况下的输出结果

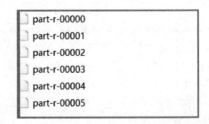

图 7-2　改变 ReduceTask 个数的输出结果

当 MapReduce 中有多个 ReduceTask 执行时,此时 MapTask 的输出就会面临一个问题:究竟将自己的输出数据交给哪一个 ReduceTask 来处理? 这就涉及到数据分区(Partition)问题。

在默认情况下,MapReduce 只有一个 ReduceTask 处理数据,即不管输入的数据量有多大,最终的结果都输出到一个文件中。

当改变 ReduceTask 个数时,MapTask 就会涉及到分区的问题,即 MapTask 输出的结果如何分配给各个 ReduceTask 来处理,图 7-3 即改变之后的工作情况,Reduce 交替执行任务。

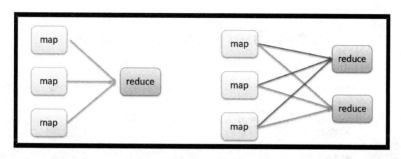

图 7-3 改变 ReduceTask 个数

Partition 注意事项：

① ReduceTask 个数的改变导致了数据分区的产生，而不是数据分区导致了 ReduceTask 个数改变。

② 数据分区的核心是分区规则，即如何分配数据给各个 ReduceTask。

③ 默认的规则可以保证只要 Map 阶段输出的 key 一样，数据就一定可以分区到同一个 ReduceTask，但是不能保证数据平均分区。

④ ReduceTask 个数的改变还会导致输出结果文件不再是一个整体，而是输出到多个文件中。

7.1.2 MapReduce Combiner 规约

数据规约指在尽可能保持数据原貌的前提下，最大限度地精简数据量。

MapReduce 弊端包括：

① MapReduce 是一种具有两个执行阶段的分布式计算程序，Map 阶段和 Reduce 阶段之间会涉及到跨网络数据传递。

② 每一个 MapTask 都可能会产生大量的本地输出，这就导致跨网络传输数据量变大，网络 IO 性能降低。比如 WordCount 单词统计案例，假如文件中有 1 000 个单词，其中 999 个为 hello，这将产生 999 个＜hello,1＞的键值对在网络中传递，性能极其低下。

Combiner 组件概念包括：

① Combiner 中文叫作数据规约，是 MapReduce 的一种优化手段。

② Combiner 的作用就是对 Mapper 端的输出先做一次局部合并，以减少在 Mapper 和 Reducer 节点之间的数据传输量。

Combiner 组件使用：

① Combiner 是 MapReduce 程序中除了 Mapper 和 Reducer 之外的一种组件，默认情况下不启用。

② Combiner 本质就是 Reducer，Combiner 和 Reducer 的区别在于运行的位置，Combiner 是在每一个 MapTask 所在的节点本地运行，是局部聚合，Reducer 是对所有 MapTask 的输出结果计算，是全局聚合。具体实现方法：自定义一个 CustomCombiner 类，继承 Reducer，重写 Reduce 方法 job.setCombinerClass(CustomCombiner.class)。

③ Combiner 组件不是禁用，而是慎用。用得好可以提高程序性能，用得不好，会改变程

序结果且不易发现,图 7-4 是 Combiner 组件在 MapReduce 的工作区间。

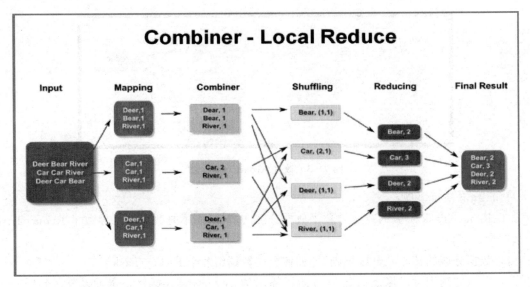

图 7-4 Combiner 组件工作过程

7.1.3　MapReduce 编程技巧

MapReduce 编程技巧包括:
① MapReduce 执行流程了然于心,能够知道数据在 MapReduce 中的流转过程。
② 业务需求解读准确,即需要明白做什么。
③ 牢牢把握住 key 的选择,因为 MapReduce 很多行为与 key 相关,如排序、分区、分组。
④ 学会自定义组件修改默认行为,当默认行为不满足业务需求时,可以尝试自定义规则。
⑤ 通过画图梳理业务执行流程,确定每个阶段的数据类型。

Map 阶段执行过程如下:
① 第一阶段对待处理目录下所有文件逐个遍历,进行逻辑切片,形成切片规划。Split size = Block size,每一个切片由一个 MapTask 处理。
② 第二阶段对切片中的数据按行读取,解析返回<key,value>对。key 为每一行的起始位置偏移量,value 为本行的文本内容。
③ 第三阶段调用 Mapper 类中的 map 方法处理数据。每读取解析出来一个<key,value>,调用一次 map 方法处理。
④ 第四阶段对 map 方法计算输出的结果进行分区。一般默认不分区,因为只有一个 ReduceTask。分区的数量就是 ReduceTask 运行的数量。
⑤ 第五阶段 map 输出数据写入内存缓冲区,若达到比例则溢出到磁盘上。溢出 Spill 时,根据 key 进行排序。默认根据 key 字典序排序。
⑥ 第六阶段对所有溢出文件进行最终合并,成为一个文件。

Reduce 阶段执行过程如下:
① 第一阶段 ReduceTask 主动从 MapTask 复制拉取其输出的键值对。
② 第二阶段把复制来的数据进行合并,即把分散的数据合并成一个大的数据,再对合并

后的数据排序。默认根据 key 的字典序排序。

③ 第三阶段对排序后的键值对调用 Reduce 方法。调用时,key 相等的键值对组成一组,调用一次 Reduce 方法。前后两个进行 key 比较,相等就分为一组。

key 的重要性体现在以下几方面:

① 在 MapReduce 编程中,核心是牢牢把握住每阶段的输入输出 key 是什么。

② 因为 MapReduce 中很多默认行为都与 key 相关。

排序:key 的字典序 a~z 正序;

分区:key.hashcode % ReduceTask 个数;

分组:key 相同的分为一组。

③ 最重要的是如果觉得默认的行为不满足业务需求,MapReduce 还支持自定义排序、分区、分组规则,这将使得编程更加灵活和方便。

7.1.4 数据字段说明

有一份 2021-01-28 号某国各县的新冠肺炎疫情统计数据,包括累计确诊病例、累计死亡病例。使用 MapReduce 对疫情数据进行分析统计。通过具体案例学会自定义 MapReduce 各个组件,包括自定义对象、序列化、排序、分区、分组。

数据字段说明(从左到右):

date(日期)、county(县)、state(州)、fips(县编码 code)、cases(累计确诊病例)、deaths(累计死亡病例)。

图 7-5 是从数据集中截取的图片,部分数据如图 7-5 所示。

```
2021-01-28,Autauga,Alabama,01001,5554,69
2021-01-28,Baldwin,Alabama,01003,17779,225
2021-01-28,Barbour,Alabama,01005,1920,40
2021-01-28,Bibb,Alabama,01007,2271,51
2021-01-28,Blount,Alabama,01009,5612,98
2021-01-28,Bullock,Alabama,01011,1079,29
2021-01-28,Butler,Alabama,01013,1788,60
2021-01-28,Calhoun,Alabama,01015,11833,231
```

图 7-5 数据集样例

7.2 MapReduce 自定义组件

7.2.1 初始化项目

使用的开发软件是 IDEA2021.2 社区版,开发工具不会成为读者学习的障碍,这里简单描述如何创建项目,接着进行编码。

本项目使用 Maven,便于管理开发过程中的依赖,读者要自行学会配置 Maven 的下载源,图 7-6 为使用 IDEA 创建 Maven 的过程。

接着一直点"下一步"即可,创建好的项目会打开 pom.xml 文件,接下来把附件的 pom 文件<dependencies>标签内的内容复制进来即可,即以下内容:

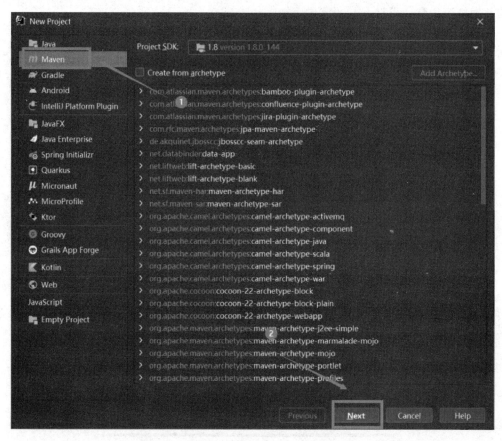

图 7-6 创建 Maven 项目,不需选择任何模板

```
<dependencies>
    <dependency>
        <groupId>org.apache.hadoop</groupId>
        <artifactId>hadoop-common</artifactId>
        <version>3.1.4</version>
    </dependency>
    <dependency>
        <groupId>org.apache.hadoop</groupId>
        <artifactId>hadoop-hdfs</artifactId>
        <version>3.1.4</version>
    </dependency>
    <dependency>
        <groupId>org.apache.hadoop</groupId>
        <artifactId>hadoop-client</artifactId>
        <version>3.1.4</version>
    </dependency>
    <dependency>
        <groupId>org.apache.hadoop</groupId>
        <artifactId>hadoop-mapreduce-client-core</artifactId>
```

```
        <version>3.1.4</version>
    </dependency>
</dependencies>
```

等待 Maven 自动下载好依赖,接下来即代码编写过程。

7.2.2 自定义对象序列化

统计某国 2021-01-28 每个州累计确诊病例数、累计死亡病例数。

需求分析：

① 自定义对象 CovidCountBean,用于封装每个县的确诊病例数和死亡病例数。

② 注意自定义对象需要实现 Hadoop 的序列化机制。

③ 以州作为 Map 阶段输出的 key,以 CovidCountBean 作为 value,这样属于同一个州的数据就会变成一组进行 Reduce 处理,进行累加即可得出每个州累计确诊病例数。

自定义实体类：

```java
//【确诊病例数，累计死亡数】
public class CovidSumBean implements WritableComparable<CovidSumBean> {
    private long cases;
    private long deaths;

    public void set(long cases,long deaths){
        this.cases = cases;
        this.deaths = deaths;
    }

    //setter getter 构造方法省略

    @Override
    public String toString() {
        return cases + "\t" + deaths;
    }

    //序列化
    @Override
    public void write(DataOutput out) throws IOException {
        out.writeLong(cases);
        out.writeLong(deaths);
    }
    //反序列化
    @Override
    public void readFields(DataInput in) throws IOException {
        this.cases = in.readLong();
        this.deaths = in.readLong();
    }
}
```

代码实现 Mapper 层：

```java
//out key :【州】Text
//out value :【确诊病例数,累计死亡数】CovidSumBean
public class CovidSumMapper extends Mapper<LongWritable,Text,Text,CovidSumBean> {
    Text outKey = new Text();
    CovidSumBean outValue = newCovidSumBean();

    @Override
    protected void map(LongWritable key,Text value,Mapper<LongWritable,Text,Text,CovidSumBean>.Context context) throws IOException,InterruptedException {
        String[] fields = value.toString().split(",");
        outKey.set(fields[2]);
        long cases = Long.parseLong(fields[fields.length-2]);
        long death = Long.parseLong(fields[fields.length-1]);
        outValue.set(cases,death);
        context.write(outKey,outValue);
    }
}
```

代码实现 Reducer 层：

```java
//out key :【州】Text
//out value :【sum 确诊病例数,sum 累计死亡数】CovidSumBean
public class CovidSumReducer extends Reducer<Text,CovidSumBean,Text,CovidSumBean> {

    @Override
    protected void reduce(Text key,Iterable<CovidSumBean> values,Reducer<Text,CovidSumBean,Text,CovidSumBean>.Context context) throws IOException,InterruptedException {
        long cases = 0;
        long death = 0;
        for (CovidSumBean value : values) {
            cases += value.getCases();
            death += value.getDeaths();
        }
        CovidSumBean covid = newCovidSumBean();
        covid.set(cases,death);
        context.write(key,covid);
    }
}
```

代码实现 Driver 层（此代码是模板代码,只需要改动分割线内的代码即可）：

```java
//各州病例数统计,统计【每个州】的累计【确诊病例数,累计死亡数】
public class CovidSumDriver {
    public static void main(String[] args) throws
            IOException,InterruptedException,ClassNotFoundException {
        System.setProperty("hadoop.home.dir","D:\\Java\\hadoop");
        //配置文件对象
```

```java
Configuration conf = newConfiguration();
//创建作业实例(conf,"作业名字")
Job job = Job.getInstance(conf,CovidSumDriver.class.getSimpleName());
//设置主类作业驱动类
job.setJarByClass(CovidSumDriver.class);
//===================== 分割线 =============================
//设置作业 mapper reducer 类
job.setMapperClass(CovidSumMapper.class);
job.setReducerClass(CovidSumReducer.class);
//设置作业 mapper 阶段【输出】key value 数据类型
job.setMapOutputKeyClass(Text.class);
job.setMapOutputValueClass(CovidSumBean.class);
//设置作业 reducer 阶段【输出】key value 类型,程序的最终输出数据类型
job.setOutputKeyClass(Text.class);
job.setOutputValueClass(CovidSumBean.class);
//===================== 分割线 =============================
//配置作业的输入数据路径
FileInputFormat.setInputPaths(job,new Path(args[0]));
FileOutputFormat.setOutputPath(job,new Path(args[1]));
//判断输出路径是否存在,存在则删除
FileSystem fs = FileSystem.get(conf);
if (fs.exists(new Path(args[1])))
    fs.delete(new Path(args[1]),true);//rm - rf
//最终提交作业
//不会打印过程
//job.submit();
//是否开启实时监视追踪作业的执行情况
boolean wait = job.waitForCompletion(true);
//推出进程和 wait 结果绑定
System.exit(wait ? 0 : 1);
    }
}
```

运行 Driver 类的代码即可,后续代码只给出核心代码,省去模板框架。

运行结果如图 7-7 所示。

```
Alabama      452734    7340
Alaska        53524     253
Arizona      745976   12861
Arkansas     290856    4784
California  3272207   39521
Colorado     394668    5670
Connecticut  248765    7020
Delaware      76495    1075
District of Columbia   36132    902
Florida     1687586   26034
Georgia      869165   13404
Guam           8541     130
Hawaii        25460     403
```

图 7-7 MapReduce 统计计数结果

7.2.3 自定义排序

将某国 2021-01-28 每个州的确诊病例数进行倒序排序。

需求分析：

如果你的需求中需要根据某个属性进行排序，不妨把这个属性作为 key。因为 MapReduce 中 key 有默认排序行为。

① 如果你的需求是正序，并且数据类型是 Hadoop 封装好的类型。这种情况不需要任何修改，直接使用 Hadoop 类型作为 key 即可。因为 Hadoop 封装好的类型已经定义了排序规则。

② 如果你的需求是倒序或者数据类型是自定义对象，则需要重写排序规则。对象实现 Comparable 接口重写 CompareTo 方法。CompareTo 方法用于将当前对象与方法的参数进行比较，如果指定的数小于参数则返回－1，如果指定的数大于参数返则回 1。

使用上一个案例的自定义实体类，在其中追加如下代码：

```java
//排序比较器,本业务中根据确诊病例数倒序排序
@Override
public int compareTo(CovidSumBean o) {
    return Long.compare(o.getCases(),this.cases);
}
```

Mapper 层核心代码：

```java
@Override
protected void map(LongWritable key,Text value,Mapper<LongWritable,Text,CovidSumBean,Text>.Context context) throws IOException,InterruptedException {
    String[] fields = value.toString().split("\t");
    long cases = Long.parseLong(fields[1]);
    long death = Long.parseLong(fields[2]);
    outKey.set(cases,death);
    outValue.set(fields[0]);
    context.write(outKey,outValue);
}
```

Reducer 层核心代码：

```java
@Override
protected void reduce(CovidSumBean key,Iterable<Text> values,Reducer<CovidSumBean,Text,Text,CovidSumBean>.Context context) throws IOException,InterruptedException {
    context.write(values.iterator().next(),key);
}
```

Driver 层核心代码：

```java
//设置作业 mapper reducer 类
job.setMapperClass(CovidSortSumMapper.class);
job.setReducerClass(CovidSortSumReducer.class);
```

```
//设置作业 mapper 阶段【输出】key value 数据类型
job.setMapOutputKeyClass(CovidSumBean.class);
job.setMapOutputValueClass(Text.class);
//设置作业 reducer 阶段【输出】key value 类型,程序的最终输出数据类型
job.setOutputKeyClass(Text.class);
job.setOutputValueClass(CovidSumBean.class);
```

运行结果如图 7-8 所示。

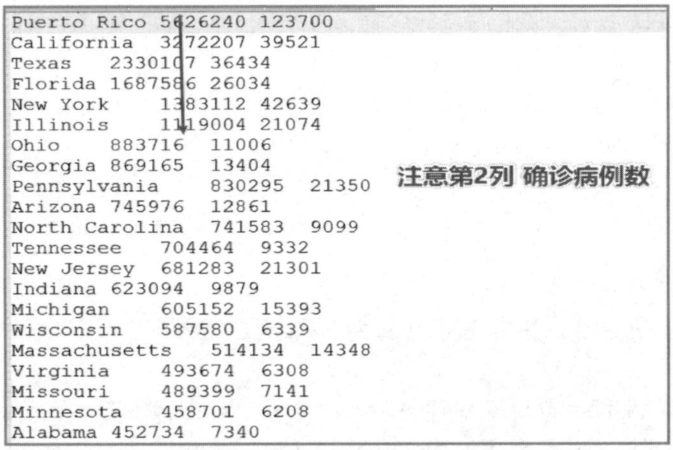

图 7-8 MapReduce 排序结果

7.2.4 自定义分区

将某国疫情不同州的数据输出到不同文件中,属于同一个州的各个县输出到同一个结果文件中。

需求分析:

输出到不同文件中,设置多个 ReduceTask(Task 数量≥2),通过设置 job.setNumReduceTasks(N),当有多个 ReduceTask 意味着数据分区。hashPartitioner 的默认分区规则若符合你的业务需求,则直接使用,若不符合,则自定义分区。

注:本案例中多加了一个 Partitioner 层。

使用上一个案例的自定义实体类,在其中修改代码:

```
//排序比较器,本业务中根据确诊病例数倒序排序
@Override
public int compareTo(CovidCountBean o) {
    return this.cases - o.getCases()> 0 ? -1:(this.cases - o.getCases()< 0 ? 1 : 0);
}
```

Mapper 层核心代码:

```
@Override
protected void map(LongWritable key,Text value,Context context) throws IOException,InterruptedException {
```

```java
String[] splits = value.toString().split(",");
//以州作为输出的 key
outKey.set(splits[2]);
context.write(outKey,value);
}
```

Reducer 层核心代码:

```java
@Override
protected void reduce(Text key,Iterable<Text> values,Context context) throws IOException,InterruptedException {
    for (Text value : values) {
        context.write(value,NullWritable.get());
    }
}
```

Partitioner 层核心代码:

```java
public class StatePartitioner extends Partitioner<Text,Text> {
    //模拟某国各州数据字典,实际中可以从 redis 中快速查询,如果数据不大,也可以使用数据集合保存
    public static HashMap<String,Integer> stateMap = new HashMap<String,Integer>();

    static{
        stateMap.put("Alabama",0);
        stateMap.put("Arkansas",1);
        stateMap.put("California",2);
        stateMap.put("Florida",3);
        stateMap.put("Indiana",4);
    }

    @Override
    public int getPartition(Text key,Text value,int numPartitions) {
        Integer code = stateMap.get(key.toString());
        if (code != null) {
            return code;
        }
        return 5;
    }
}
```

Driver 层核心代码:

```java
//设置作业 mapper reducer 类
job.setMapperClass(CovidPartitionMapper.class);
```

```
job.setReducerClass(CovidPartitionReducer.class);
//设置作业 mapper 阶段输出 key value 数据类型
job.setMapOutputKeyClass(Text.class);
job.setMapOutputValueClass(Text.class);
//设置作业 reducer 阶段输出 key、value 数据类型,也就是程序最终输出数据类型
job.setOutputKeyClass(Text.class);
job.setOutputValueClass(Text.class);
//todo 设置 reducetask 个数和自定义分区器
job.setNumReduceTasks(6);
job.setPartitionerClass(StatePartitioner.class);
```

运行结果如图 7-9 所示。

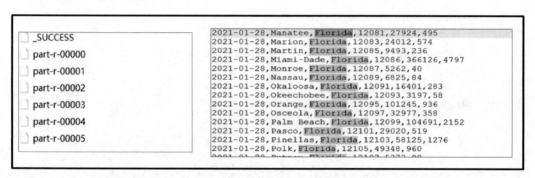

图 7-9 MapReduce 分区结果

7.2.5 自定义分组

分组统计某国 2021-01-28 每个州的确诊病例数最多的县是哪一个。

需求分析:

① 在 Map 阶段将"州 state、县 county、县确诊病例 cases"通过自定义对象封装,作为 key 输出;

② 重写对象的排序规则,首先根据州的正序排序,若州相等,则按照确诊病例数 cases 倒序排序,发送到 Reduce。

③ 在 Reduce 端利用自定义分组规则,将州相同的分为一组,然后取第一个即是最大值。

分组概念、默认分组规则:

① 分组发生在 Reduce 阶段,决定了同一个 Reduce 中哪些数据将组成一组去调用 Reduce 方法处理。

② 默认分组规则是 key 相同的就会分为一组(前后两个 key 直接比较是否相等)。

③ 需要注意的是,在 Reduce 阶段进行分组之前,因为进行了数据排序,所以排序+分组将会使得 key 一样的数据一定会被分到同一组,一组去调用 Reduce 方法处理。

自定义分组规则:

① 写类继承 WritableComparator,重写 Compare 方法。

② 只要 Compare 方法返回为 0,MapReduce 框架在分组时就会认为前后两个相等,分为一组。

③ 在 job 对象中进行设置，让自己的重写分组类生效，代码如下：

```
job.setGroupingComparatorClass(xxxx.class);
```

注：本案例中多加了一个 Comparator 层。
自定义实体类：

```java
public class CovidBean implements WritableComparable<CovidBean> {

    private String state;//州
    private String county;//县
    private long cases;//确诊病例

    //构造方法,getter 和 setter,toString 方法

    //根据州正序进行排序,如果州相同,则根据确诊数量 cases 倒序排序
    @Override
    public int compareTo(CovidBean o) {
        int result;
        int i = state.compareTo(o.getState());
        if (i > 0) {
            result = 1;
        } else if (i < 0) {
            result = -1;
        } else {
            //todo 和视频不一样
            //确诊病例数倒序排序
            //result = cases > o.getCases() ? 1 : -1;
            return cases > o.getCases()? -1:(cases < o.getCases()? 1:0);
        }
        return result;
    }

    //序列化代码
}
```

Mapper 层核心代码：

```java
@Override
protected void map(LongWritable key,Text value,Context context) throws IOException,InterruptedException {
    String[] fields = value.toString().split(",");
    //封装数据:州 县 确诊病例
    outKey.set(fields[2],fields[1],Long.parseLong(fields[fields.length-2]));
    context.write(outKey,outValue);
}
```

Reducer 层核心代码：

```java
@Override
protected void reduce(CovidBean key,Iterable<NullWritable> values,Context context) throws IOException,InterruptedException {
    //【不遍历迭代器,此时 key 就是分组中的第一个 key】也就是该州确诊病例数最多的县对应的数据
    context.write(key,NullWritable.get());
}
```

自定义分组类:

```java
public class CovidGroupingComparator extends WritableComparator {
    //模板代码反射构造
    //允许创建对象实例
    protected CovidGroupingComparator(){
        super(CovidBean.class,true);
    }

    @Override
    public int compare(WritableComparable a,WritableComparable b) {
        //类型转换
        CovidBean aBean = (CovidBean) a;
        CovidBean bBean = (CovidBean) b;
        //本需求中,分组规则是只要前后两个数据的 state 一样,就应该分到同一组
        //只要 compare 返回 0,mapreduce 框架就认为两个一样
        return aBean.getState().compareTo(bBean.getState());
    }
}
```

Driver 核心代码:

```java
//设置作业 mapper reducer 类
job.setMapperClass(CovidTop1Mapper.class);
job.setReducerClass(CovidTop1Reducer.class);
//设置作业 mapper 阶段输出 key value 数据类型
job.setMapOutputKeyClass(CovidBean.class);
job.setMapOutputValueClass(NullWritable.class);
//设置作业 reducer 阶段输出 key value 数据类型,也就是程序最终输出数据类型
job.setOutputKeyClass(CovidBean.class);
job.setOutputValueClass(NullWritable.class);
//todo 设置自定义分组
job.setGroupingComparatorClass(CovidGroupingComparator.class);
```

运行结果如图 7-10 所示。

```
CovidBean{state='Alabama', county='Jefferson', cases=65992}
CovidBean{state='Alaska', county='Anchorage', cases=25157}
CovidBean{state='Arizona', county='Maricopa', cases=465009}
CovidBean{state='Arkansas', county='Pulaski', cases=33125}
CovidBean{state='California', county='Los Angeles', cases=1098363}
CovidBean{state='Colorado', county='Denver', cases=55907}
CovidBean{state='Connecticut', county='Fairfield', cases=71697}
CovidBean{state='Delaware', county='New Castle', cases=43541}
CovidBean{state='District of Columbia', county='District of Columbia', cases=36132}
CovidBean{state='Florida', county='Miami-Dade', cases=366126}
CovidBean{state='Georgia', county='Gwinnett', cases=81908}
CovidBean{state='Guam', county='Unknown', cases=8541}
CovidBean{state='Hawaii', county='Honolulu', cases=20878}
CovidBean{state='Idaho', county='Ada', cases=44182}
CovidBean{state='Illinois', county='Cook', cases=450116}
CovidBean{state='Indiana', county='Marion', cases=85741}
```

图 7 – 10　MapReduce 分组结果

7.2.6　自定义分组拓展 Top N

找出某国 2021-01-28 每个州的确诊病例数最多的前 3 个县,即所谓 Top 3 问题。

需求分析:

① 在 Map 阶段将"州 state、县 county、县确诊病例 cases"通过自定义对象封装,作为 key 输出。

② 重写对象的排序规则,首先根据州的正序排序,若州相等,则按照确诊病例数 cases 倒序排序,发送到 Reduce。

③ 在 Reduce 端利用自定义分组规则将州相同的分为一组,然后取前 N 个即是 Top N。

为了验证结果方便,可以在输出时以 cases 作为 value,实际上为空即可,value 并不具有实际意义。

只需要修改上一个案例中 Reducer 层的代码即可实现 Top 3 问题的解决:

```
@Override
protected void reduce(CovidBean key,Iterable<LongWritable> values,Context context) throws IOException,InterruptedException {
    int num = 0;
    for (LongWritable value : values) {
        if(num < 3){ //输出每个州病例最多的前 3 个县
            context.write(key,value);
            num ++ ;
        }else{
            return;
        }
    }
//todo 探究 reduce 方法,输入的 key 到底是哪个 key
//todo 1、不迭代 values,直接输出 kv:此时 key 是分组中第一个 kv 所对于的 key
//context.write(key,new LongWritable(111));
//todo 2、一遍迭代 values,一遍输出 kv:此时 key 会随着 value 的变化而变化
//for (LongWritablevalue : values) {
//context.write(key,value);
//}
```

```
//todo 3、迭代完 values,最终输出一次 kv;此时的 key 是分组中的最后一个 key
//for(LongWritablevalue : values){
//}
//
```

7.3 MapReduce 运行模式

MapReduce 运行模式分为以下两种:① MapReduce 的单机运行方式,主要用于测试 MapReduce 逻辑是否正确。② MapReduce 程序集群模式运行,需要的运算资源是 Hadoop Yarn 组件分配。

运行在何种模式,由 mapred-default.xml 中的设置决定,取决于参数:mapreduce.framework.name、yarn:Yarn 集群模式、local:本地模式(默认模式)。

如果代码中(conf.set(...))或运行的环境中有配置(mapred-site.xml),会默认覆盖 default 配置。

7.3.1 本地运行

图 7-11 所示为如何设置在本地运行的参数,在"Run/Debug Configuration"设置中,找到运行的"Application"(运行一次程序就会出现),然后在"arguments"输入框中预先设置参数,用空格隔开,参数分别为输入路径和输出路径,然后即可正确运行程序,并且能够在输出路

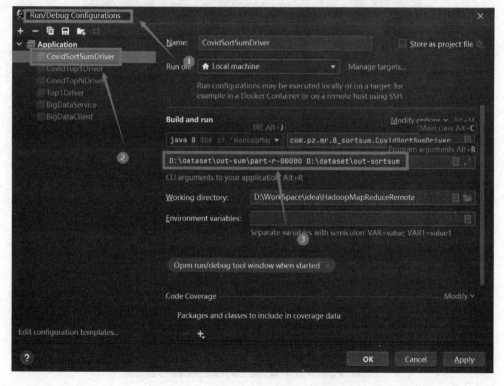

图 7-11 程序运行之前,预设运行参数

径看到新生成的文件夹,里面放置的就是结果集。

7.3.2 打包发布运行

将写好的代码打包出来之后,就可通过"xftp"等工具上传到服务器中运行,假设打包的名字为 mr.jar,上传到 Hadoop 集群中使用如下命令运行 jar 包:

```
hadoop jar mr.jar 输入路径 输出路径
```

其中,输入路径和输出路径为 HDFS 上的文件路径。

以下是打包插件以及打包过程:

① 需要在 pom.xml 文件中新增插件,图 7-12 所示为插件的配置代码。

```xml
<plugin>
    <!-- maven 打包插件 -->
    <groupId>org.apache.maven.plugins</groupId>
    <artifactId>maven-jar-plugin</artifactId>
    <version>2.4</version>
    <configuration>
        <archive>
            <manifest>
                <addClasspath>true</addClasspath>
                <classpathPrefix>lib/</classpathPrefix>
                <mainClass>chunyu.mapreduce.WordCountDriver</mainClass>  设置运行主类
            </manifest>
        </archive>
    </configuration>
</plugin>
```

图 7-12 打包时选定 Main Class 运行类

② 在开发工具右侧找到 Maven 工具栏,按照图 7-13 所示步骤进行操作。

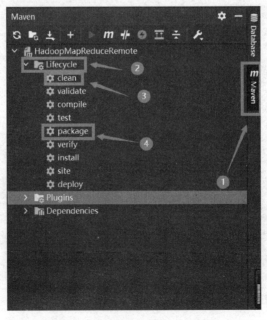

图 7-13 Maven 打包 jar 包过程

参考文献

[1] 孟小峰,慈祥.大数据管理:概念、技术与挑战[J].计算机研究与发展,2013,50(1):146-169.

[2] 彭宇,庞景月,刘大同,等.大数据:内涵、技术体系与展望[J].电子测量与仪器学报,2015,29(4):469-482.DOI:10.13382/j.jemi.2015.04.001.

[3] 杨珍珍,张坚君.基于Spark技术的高校校史编研系统研究与实现[J].浙江档案,2022(1):51-53.DOI:10.16033/j.cnki.33-1055/g2.2022.01.006.

[4] 薛俊海,李晋泰,张承,等.大数据技术在计算机信息安全中的应用研究[J].网络安全技术与应用,2022(2):70-71.

[5] 肖建峰,郭嘉涛,汤熠.疫情信息展示及预测可视化[J].电子测试,2022,36(2):73-75.DOI:10.16520/j.cnki.1000-8519.2022.02.043.

論文等